Bian Zhu
Wu Pengcheng

武鹏程 ◎ 编著

U0253744

JUE MEI HAI TAN

绝美海滩集锦

非凡
海洋

Fei Fan Hai
Yang

海洋出版社
北京

图书在版编目（CIP）数据

绝美海滩集锦 / 武鹏程编著. —— 北京：海洋出版社，2025.1. —— ISBN 978–7–5210–1325–2

Ⅰ . P737.11–49

中国国家版本馆CIP数据核字第2024NK0308号

非凡海洋大系

绝美海滩
集锦

JUEMEI HAITAN
JIJIN

总 策 划：刘　斌		总 编 室：(010) 62100034	
责任编辑：刘　斌		网　　址：www.oceanpress.com.cn	
责任印制：安　淼		承　　印：保定市铭泰达印刷有限公司	
排　　版：海洋计算机图书输出中心 晓阳		版　　次：2025 年 1 月第 1 版	
出版发行：海洋出版社		2025 年 1 月第 1 次印刷	
地　　址：北京市海淀区大慧寺路 8 号		开　　本：787mm×1092mm　1/16	
100081		印　　张：12.25	
经　　销：新华书店		字　　数：208 千字	
发 行 部：(010) 62100090		定　　价：68.00 元	

本书如有印、装质量问题可与发行部调换

前　言

　　如果说海洋是一面镜子，海滩就是镜子边最华丽的镶边。每个人心中的海滩都不一样，但大多数海滩都有灿烂的阳光、青翠的棕榈树、细软的沙子、湛蓝的海水、纷飞的海鸟、嬉闹的人群，它们构成一幅幅迷人的风景画。

　　海滩边除了海水就是沙滩，不同的海水、地质环境造就了不同的海滩，包括粉色沙滩、白沙滩、黑沙滩、金沙滩、绿沙滩、玻璃海滩、贝壳海滩和岩石海滩等，如坐落于加勒比海的安提瓜和巴布达的粉色沙滩、冰岛维克镇的黑沙滩、圣托里尼岛的红沙滩和黑沙滩、夏威夷的绿沙滩、布拉格堡的玻璃海滩等。

　　有些海滩因原始、纯粹的海景而出名，如卡马拉海滩；有些则拥有独特的美景，如拥有荧光美景的荧光海滩、仿佛来自"上帝之手"的大教堂海滩、因宽吻海豚闻名的猴子米亚海滩、可以看到热带企鹅的企鹅滩；有的则拥有深厚的人文历史，如有8000 年历史图案的岩画海滩；有的是奇妙的运动场所，如有凯恩斯最完美高空跳伞区域之称的使命海滩、被誉为冲浪者圣地的塔哈鲁海滩、有丛林探险与徒步天堂之称的亚当岛白沙滩；还有一些非常有个性的海滩，如丘鲁海滩、尖角海滩、马霍海滩、芭东海滩等。

　　本书带领大家一起去了解世界上那些令人惊艳的美丽海滩，感受海滩独特的魅力，让我们看着大海、吹着海风、迎着暖阳，忘却所有世俗的繁杂与喧嚣，追寻那份独属于海洋的静怡与惬意。

目 录

亚洲篇

美洲篇

非洲篇

大洋洲篇

下浒沙滩

闽　　东　　北　　戴　　河

　　有人说秋天的奶茶可以不喝，但秋天的下浒沙滩一定要去看看，可见秋天的下浒沙滩在人们心中的地位。

　　下浒沙滩位于福建省霞浦县南部下浒镇的外浒村，其坐北朝南，依山面海，与下浒镇所在地相连。这里最有特色的便是沙滩以及近 10 米宽的鹅卵石带，搭配上琵琶岛、云峰寺、狮公鼻、大京城堡等名胜古迹，是一个不可错过的旅游胜地。

下浒沙滩的沙子

❖ 沙滩上的小螃蟹

　　下浒沙滩又叫外浒沙滩，长 1500 米，宽 200 米，呈半月形环抱大海，风光旖旎，景色迷人，素有"闽东北戴河"之称。

　　有诗云："此地黄沙细如尘，轻车驶过了无痕"，描述的便是下浒沙滩的沙子。下浒沙滩上的沙子沙质细腻，以中细沙为主，干净纯美。在霞浦的五大沙滩中，数下浒沙滩最为美丽。

❖ 金色的下浒沙滩

❖ 海面上的渔排

霞浦位于闽东北，拥有400多千米长的海岸线。霞浦被誉为"中国最美的滩涂"，这里的海域中有许多小岛，在潮水的长期冲刷下，自然形成了独特的滩涂景观。

下浒沙滩作为霞浦县"外浒、大京、高罗、北兜、吕峡"五大沙滩之一，属于亚热带海洋性湿润气候，冬暖夏凉，温差小，年平均气温18.3~18.6℃。

下浒沙滩两边的礁石延伸达数十千米，由于受海浪常年冲击，礁石被侵蚀得伤痕累累，怪石、巧石林立，形成一片红褐色的假山带。

光着脚丫走在下浒沙滩上，吹着海风，听着悠扬的渔歌，让人恍若置身于诗画之中。

下浒镇的内海与外海

下浒沙滩与下浒镇相连，而下浒镇是唯一一个可以同时看到内海与外海的地方。

这里的内海与外海的直线距离不到1千米，外海以沙滩为主，可以出海捕鱼，也可以放渔网捕鱼，养殖海带，沙滩上有许多大的花蛤和螃蟹。

与外海不同，内海的滩涂以养殖海参、鲍鱼、黄花鱼、鲫鱼和鲈鱼为主，当地的养殖方式大都是圈养或是在渔排上养殖。

琵琶岛

说到琵琶岛，很多人都会想到白居易所写的"犹抱琵琶半遮面"这句诗。下浒沙滩的琵琶岛因外形与琵琶相似而得名。相传，古时候四海龙王醉于弦乐，他们的琵琶乐声引起了佛祖坐骑大鹏鸟的兴趣。有一次，大鹏鸟趁四海龙王昏睡

❖ 狮公鼻

之时，偷走了能发出美妙声音的宝琵琶，藏在下浒水之滨。从此便有了琵琶岛，岛上有个琵琶穴，每到涨潮的时候，海水涌入洞穴之中，便会有潺潺的水流声，侧耳倾听，好像有人在断断续续地弹奏琵琶一样。

狮公鼻

狮公鼻的树木葱翠，远远望去，好似一朵翠云。在狮公鼻的下面建有狮公宫，狮公宫白墙红瓦，十分壮观。据当地传说，这里供奉着三位师公，是当地人的保护神，保佑着当地渔民们出海顺利，如果在海上遇到了危险，三位师公会蹈海救难。

大京城堡

下浒沙滩西南侧有一座明代的古堡——大京城堡，它是与崇武古城同一时期建造的古代建筑。据《霞浦县志·大事记》中记载："明初屡遭倭寇骚扰，焚劫村落，命

❖ 大京城堡的城墙

3

七层石塔距云峰寺南300多米，是梁太清三年（549年）建立的一座古石塔，据《福建三山志》记载：云峰寺招贤里，梁太清元年置（547年），塔立于山丘之上。

❖ 下浒云峰寺七层石塔

江夏侯周德兴抽丁为沿海戍兵……"朱元璋于洪武二十年（1387年）下诏设置海防巡检司千户所，命名福宁卫大金守御千户所，并列为12个千户所之首，这便是有关大京城堡的最早记载。

大京城堡的城墙由花岗石砌成，设东、西、南三座城门，至今保存完好，具有非常高的历史文化价值，它是福建省省级文物保护单位。如今，大京城堡前的沙滩、五彩小卵石带与大京城堡融为一体并日益成为一个休闲去处。

云峰寺

云峰寺位于下浒镇清水洋村后的龙山上，俗称"文中寺"。据《霞浦县志·祠祀》记载："大云峰寺，在五十三都。明万历十八年建，乾隆十四年僧悟道重修。"

云峰寺的总建筑面积约为2000平方米，整体建筑均为木质结构，梁、柱、坊、悬柱、门框、雀替均为浮雕人物，花卉之雕刻均上棕色。整座建筑显得古朴简洁，错落有致，井然有序，堪称霞浦名胜寺宇之一。

❖ 下浒云峰寺

渔寮沙滩

中国东南沿海大陆架最大沙滩

渔寮沙滩素有"东方夏威夷"之称，这里烟波浩渺，有碧海金沙，不远处的船只散落在海面上，清新的海风扑鼻而来，人们在这里可以抛开一切烦恼，尽情地嬉戏玩耍。

渔寮沙滩位于浙江省苍南县南部的渔寮乡境内，它东临大海，南接霞关，北壤赤溪，西毗马站。

渔寮沙滩呈新月形，全长 2000 米，宽 800 米，具有山青、水碧、沙净、海阔、浪缓、石奇等特色。它平坦宽广，就像一块平铺着的地毯，走在上面柔滑而硬实。

❖ 渔寮"天下第一鲜"——文蛤

渔寮宽阔平坦的沙滩上养有"天下第一鲜"——文蛤，因为没有污染，此地出产的文蛤是日本指定进口的海产品。

渔寮地名的由来

据记载，渔寮地处沿海，古时候常有倭寇入侵，明洪武二十年（1387 年）起这里就设有卫所（相当于军事要塞）抵御倭寇入侵。明朝灭亡之后，郑氏家族依旧在浙闽一带抵御

❖ 渔寮沙滩

山 的那边是海

Beyond The Mountain, it is The Sea

渔寮·中国东南沿海大陆架最大沙滩

❖ **进入渔寮**

进入渔寮境内，在沿山公路边可以看到一块大牌子，上面写着"山的那边是海"和一行小字"渔寮·中国东南沿海大陆架最大沙滩"。

渔寮沙滩边的郑成功塑像。

❖ **郑成功**

倭寇，保卫当地百姓的安全。同时，继续与清政府作战，清政府多次围剿，均因沿海百姓支援而未见效果。

1661年，也就是清顺治十八年，郑成功亲率2.5万名将士，战船数百艘，自金门出发，经澎湖，向我国台湾进军，与占领我国台湾的荷兰人展开激烈海战，郑军大获全胜。

郑成功收复台湾之后，形成了对清王朝的反扑之势。为了防止浙闽沿海的居民接济郑成功，清廷下令，在沿海十里之内插上扦木，以此为界，居民必须迁入内地，清廷还将扦木界外的房舍一一烧毁。

直到1723年，有柯姓和杨姓渔民从福建泉州迁居到了此地，搭建草棚，以捕鱼为生。因草棚也称为寮，所以这里便称为渔寮。

音乐石

在渔寮沙滩的中部散落着许多大小不同的石头，这些石头看着平常，但是，当你拿起石头，叩击它的不同部位时，石头便会发出五音七律，如大鼓、小鼓、小锣等发出的不同声音。原来石头是空心的，如木鱼一样，能敲打出美妙的声音。

相传，很久以前，村民黄阿洋家有一口很浅的古井，有一天，古井里的水如泉涌，变得很汹涌。黄阿

❖ 音乐石

洋觉得奇怪，于是就跳进井里一探究竟，发现井底有一条路，便顺着这条路一直来到吕山。

黄阿洋见到了吕山老母，原来是吕山老母召唤他来此学习降妖伏魔的法术。

黄阿洋学法 3 年后，吕山老母送给他一副乐器，并派一只大神龟送他回家。黄阿洋来到渔寮沙滩后，上岸时随手将乐器放在沙滩的礁石上，没想到石头受乐器感应，发出了五音七律。

黄阿洋回家后便利用法术，为当地村民降妖伏魔。因为黄阿洋在兄弟之中排行第九，所以人们便称他为黄九师公。

大乌龟岛

在渔寮沙滩的音乐石对面 800 米处有一座小岛，外形好像一只大乌龟遨游在大海上。传说，这就是那只送黄九师公回家的大神龟，它因为迷恋渔寮的美丽风景，所以不愿回去了，从此便永远地留在了渔寮。

渔寮沙滩是我国东南沿海大陆架上最大的沙滩，是一个贝壳沙滩，可供数万人同时游玩。这里有沙滩卡丁车、沙滩排球、沙滩接力、日光浴、砾滩拾贝等活动，只要你能想到的，在此处都能一一实现。

❖ 大乌龟岛

青岛金沙滩

青岛金沙滩上的沙细如粉,一直延伸至天际;海中波浪如银,匆匆地亲吻沙滩;涛声如鼓乐齐鸣,声声入耳,人们一不注意便会迷醉其中。

❖ **美味的鲍鱼**

金沙滩鲍鱼的个头非常大,花刀切好蒜泥入味……

❖ **金沙滩美景**

青岛金沙滩有"亚洲第一滩"的称号,它位于山东半岛南端黄海之滨的凤凰岛,南濒黄海。

青岛金沙滩全长3500多米,宽300米,呈月牙形东西伸展,它是到青岛旅游的必去景点之一。金沙滩海水浴场更是我国面积最大、风景最美的海水浴场之一。

金沙滩和隐身石蛙的传说

金沙滩水清滩平,沙细如粉,色泽如金,海水湛蓝,水天一色,故称"金沙滩"。关于金沙滩,还有一个美丽的传说。

相传，古时候有一只金凤凰去参加天庭举办的百鸟盛会，当它飞到胶州湾的时候，看到这里碧波万顷、渔歌缭绕，于是留恋于此，错过了百鸟盛会，天庭大怒，罚它永远不能离开此地，同时指派一只青蛙看守它。日复一日，年复一年，凤凰化为今天的凤凰岛，而它美丽的翅膀掠过的地方，就变成了色泽如金的金沙滩。而那只看守它的青蛙则变成了一只石蛙，它的头朝东，脚朝西，依旧看守着凤凰，每到涨潮的时候，石蛙便会若隐若现，被称为隐身石蛙。

❖ 隐身石蛙

凤凰之声大剧院

在金沙滩上有一座醒目的建筑，那是当地有名的凤凰之声大剧院，其外部造型美观，曲线复杂，外形似降落在金沙滩上的一只凤凰，故取名为"凤凰之声"。

凤凰岛又称薛家岛，山海相连，风景秀丽，像一只展翅欲飞的凤凰横卧在黄海之滨，由此而得名。

❖ 沙滩排球

❖ 凤凰之声大剧院（外观）

凤凰之声大剧院总建筑面积 3.9 万平方米，建筑高度达 66 米。

古往今来，有许多学者、诗人被金沙滩的美所折服。清代有诗："岛屿蜿蜒傍海隈，沧茫万顷水天开，潮声如吼摇山岳，疑是将军拥众来。"现代学者用诗文描述着金沙滩的美："金沙滩头平，遥望天水涌。海阔纳万物，山远断九穹。危礁傲飞浪，娇燕喜罡风。沧海无尽时，扬帆日边行。"

仅 2019 年，凤凰之声大剧院承接演出 100 余场次，观众超 10 万余人次，部分热门演出上座率高达 100%。

❖ 凤凰之声大剧院音乐厅

凤凰之声大剧院在"凤凰"头部设有观景、蹦极平台，同时，沿"凤凰"脖颈处设有国内最长的斜轨观光电梯，因而它不仅是一座大剧院，还是一座具有可游玩性的建筑。

隐于"凤凰"尾部的是具有世界水准的专业音乐厅；"凤凰"肚里是综合演艺厅；"凤凰"脖颈处是多层特色观景餐厅，整个凤凰之声大剧院的空间设计得巧妙灵活，能满足多种文化活动要求。

凤凰之声大剧院经常会举行盛大的音乐节，有时候还有高层次、高规格、高水准的国际级音乐文化交流活动。除了高雅的音乐节之外，这里还经常会举办啤酒节，如有幸赶上，那必定可以痛快地享受一番啤酒和美味盛宴。

❖ 金沙滩旅游节雕塑

沙滩排球、沙滩足球

沙滩排球和沙滩足球对比赛场地有着极高的要求，海滩上必须没有石块、壳类，最主要的是没有任何其他有可能造成运动员损伤的杂物。金沙滩的沙子细如粉，正好符合了这些条件，所以金沙滩是一个玩沙滩足球和沙滩排球的最理想场所。第11届全运会沙滩排球的比赛就是在美丽的金沙滩举办的，因而吸引了很多年轻人的关注。

每到夏季，来自世界各地的运动员和游人便会涌向金沙滩，架起球网，在柔松的沙滩上尽情地跳跃、翻滚、鱼跃，肆无忌惮地享受着大自然赋予人类的乐趣。

❖ 从凤凰之声大剧院上鸟瞰
金沙滩美景

金沙滩"三宝"

　　沙滩排球和沙滩足球都是年轻人喜爱的娱乐项目，不过金沙滩不仅是年轻人的天下，还是老人的乐园，都说"人活七十古来稀"，而金沙滩附近80岁以上的老人随处可见。不但如此，他们耳不聋眼不花，身体都十分健康。你若好奇地问当地人缘由，他们一定会告诉你是吃了金沙滩的长寿"三宝"：海参、鲍鱼和螃蟹。金沙滩"三宝"个大、肥美，而且营养价值高，还有延年益寿的功效。

沙滩排球是一种方兴未艾的时尚运动，于1996年进入奥运会。美国和巴西等国家沙滩排球开展广泛，是这个项目上的强国。

1927年沙滩排球开始传入欧洲，在当时是法国"裸体主义者"的活动项目之一。

❖ 凤凰之声蹦极台

凤凰之声蹦极台高约46米。

❖ 金沙滩长寿"三宝"

海参、鲍鱼和螃蟹是金沙滩长寿"三宝"，虽然这可能只是坊间传闻，但据统计，金沙滩当地人的寿命相对都长。

这里除了肥美的海参、鲍鱼和螃蟹之外，还有生蚝、扇贝、大虾、海螺、蚬子、蛤蜊、波士顿龙虾……

玉带滩

玉带滩是一个奇异的沙滩，整个沙滩纤细多变，犹如一条巨龙飞舞入海。最让人称奇的是，它的形态并不是一成不变的，会随着海浪的冲击而不断变化，因此有"百变玉带滩"一说。

玉带滩位于海南省琼海市博鳌镇的万泉河入海口，它是一个自然形成的向海中延伸的沙滩半岛。它的西侧是万泉河、九曲江、龙滚河和东屿岛，东侧则是烟波浩渺的南海。玉带滩是世界上最狭窄的分隔海、河的沙滩半岛，1999 年 6 月被载入吉尼斯世界纪录。

❖ 沙袋枕头

当地人会将玉带滩上的沙子洗净后做成枕头使用。据说，玉带滩的沙子不仅细腻，还有强身健体、帮助睡眠的作用。

如同龙王的腰带

玉带滩之所以得名，是因为当地人相信这个沙滩是龙王的腰带所化，它保佑着琼海一年四季都可以风调雨顺。

❖ 美丽的玉带滩

❖ 圣公石

在当地村民的心中，圣公石不仅有镇海的作用，还可以保佑当地村民平安顺遂、满载而归。

玉带滩的基底是一种混合花岗岩，由于这种石头硬度较大，所以才可以抵挡海浪长久以来的侵蚀。但是，覆于其上数千米长的沙滩，却会随着潮汐大小而不断变化，涨潮时最窄处只有十几米，从远处看，它就像一条美丽的飘带在大海中漂荡。

被奉若神灵的圣公石

"圣公石"位于玉带滩东侧，是一个由多块黑色巨石组成的岸礁，屹立在南海的波浪之中，当地村民将这块巨石奉若神灵。每次出海前，村民们都要沐浴更衣，到圣公石前祈福，据说这个民俗已经延续了几百年。

相传天地初定时，天上有个大窟窿，女娲娘娘利用五彩石补天时，见南海玉带滩有玉龙翻滚，便顺手滴了几滴岩浆在此，镇住了整片玉带滩。因此，老百姓一直坚信，正是因为有了圣公石的庇佑，才使玉带滩可以历经海浪长久侵蚀却依然存在。

2001 年后每一年的博鳌亚洲论坛都在东屿岛举办，它是博鳌亚洲论坛的永久会址。

明代嘉靖年间乐会知县鲁彭曾作诗《圣公石捍海》："海水凝望渺苍茫，圣石谁教镇海涛。此地由来天险设，更从何处觅金汤。"

假日海滩

享 受 美 丽 景 致

　　假日海滩与城市近在咫尺，却远离城市的喧嚣，这里的阳光、海水、沙滩、椰树等热带海岛景观相映成趣，处处展现着美丽动人的热带滨海风情。

　　假日海滩位于海南省海口市西部的庆龄大道旁，全长6千米，左边是葱翠的木麻黄林带，右边是碧波万顷的琼州海峡。

这里的沙滩很松软

　　假日海滩是国家4A级景区，在入口处有两尊铁铸的大炮，上面布满斑驳的锈迹，似乎在诉说着这里曾经有过的历史。走过大炮，便可以看到一片椰树林，穿过椰树林大道，几分钟后便可来到假日海滩。

　　假日海滩的沙滩有一点坡度，沙粒很细，脱了鞋子走在沙滩上会非常舒服，特别是在海浪的冲刷下，沙粒在脚缝间挤压的感觉十分奇妙。这里的沙粒格外松软，人们走过沙滩，就会留下一串深深的脚印。

　　假日海滩是海南省委党校研究员夏鲁平先生命名的。1993年，海口市政府策划了一个为海滩征名的活动，夏先生从夏威夷著名的檀香山海滩上的希尔顿假日酒店处得到灵感，取这个名字的寓意是希望这个海滩能够成为城市里人们度假的胜地并引领海口假日休闲的生活方式。

❖ 假日海滩

❖ 两尊铁铸的大炮

假日海滩一共分为 4 个区域，分别为沙滩日浴区、海上运动区、海洋餐饮文化区和休闲度假区。

❖ 观海台

人们或在沙滩上散步，或玩游戏，或静坐望着大海出神，或离开沙滩到大海里游泳等，在这里几乎可以体验所有海滩休闲项目。

假日海滩的"水世界"

假日海滩东侧有一个古罗马建筑风格的建筑群——"水世界"，这是假日海滩的标志性建筑。

"水世界"占地面积有 80 余亩，由水上表演馆、嬉水乐园以及海上俱乐部 3 部分组成，可容纳 1800 多人在此观看各种表演。

"水世界"常年会邀请国内外的明星来此表演，如高空跳水、陆地风情舞、水上芭蕾等。

沿着"水世界"一直往东，可以走到西秀海滩，它既与假日海滩连成一片，又彼此独立。

假日海滩的美食

假日海滩的沿岸有很多海鲜批发城和烧烤店，游客们可以选择进店品尝各种美味，也可以买来原材料，约上三五好友，带上帐篷，一起在假日海滩野营、聚餐烧烤，既可以享受到美味，又能体验到野外宿营的刺激感，还可以增进朋友们的感情。如果运气好的话，还能在沙滩上看到落日时分的漫天晚霞，那场景非常唯美。

野柳海滩

野柳海滩曾被"选美中国"活动评选为"中国最美的八大海岸"的第二名，海滩上奇岩怪石密布，而且种类繁多，各尽其妙。

野柳海滩地处我国台湾地区的新北市，位于我国台湾岛东北角。它是一处伸入海中的山岬，长约1700米，有野柳半岛和野柳岬之称。远远望去，该岬角好像是一对海龟抬着头、躬着背，蹒跚着准备离岸，所以当地人也称它为野柳龟。

进入野柳风景区，沿着步道前行，一路可尽览野柳海滩的奇特地质景观。野柳海滩上有各种奇岩怪石，海岸上有被海浪精雕细琢而成的人物、巨兽、器物。

野柳海滩历经千万年海水及海风的洗礼，雕琢成今日这番绝色之姿，大自然的每一件作品都是绝品，游玩野柳海滩大体可分为3个片区。

❖ **野柳海洋世界**

野柳风景区入口右侧是野柳海洋世界，是我国台湾地区第一座海洋动物表演馆，也是我国台湾地区唯一的海豚、海狮表演馆，可容纳3500位观众，有美妙的水上芭蕾舞表演、惊险的高空跳水和生动有趣的海豚、海狮表演。

❖ **野柳龟**

❖ **女王头**

女王头耸立在一个斜缓的石坡上，高 2 米。女王头整体给人的感觉好像是一位抬头静坐的尊贵女王。根据地质学家的考察，女王头有 4000 多年的历史。经过长期的触化侵蚀，它的脖子已变得非常细弱了。如果遇到大强风、大地震，很有可能会断落。

❖ **仙女鞋**

仙女鞋是一块看起来非常像只鞋子的石头。它是一种姜石，含有较硬的钙质岩块，受海水长期的淘洗而剥落，加上地层挤压出纵横交错的裂缝，所以成了鞋子的造型。

据传天上的仙女在此地收服野柳龟，但不小心将鞋子遗忘在海岸上，便形成了如今的仙女鞋。

　　第一个片区为仙女鞋、女王头、情人石、林添祯塑像等；第二个片区有风化窗、海蚀沟、豆腐岩、龙头石等；第三个片区有灯塔、二十四孝山、海龟石、珠石、海狗石等。

❖ **野柳海滩奇石**

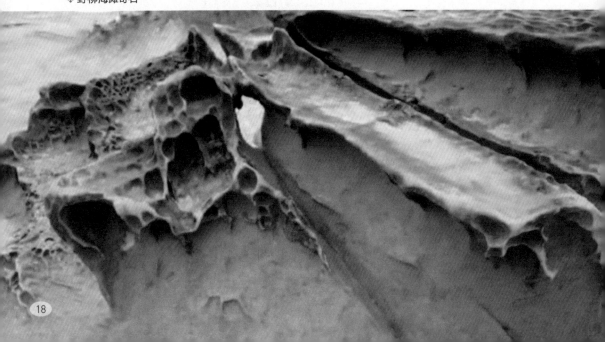

❖ 珠石

珠石也叫作海蛋，像一颗圆珠落在海边岩石上摇摇
欲坠。

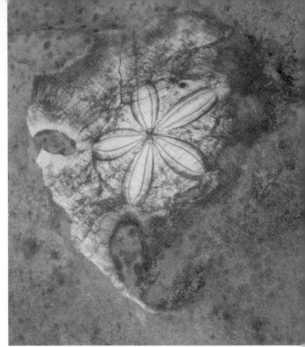

❖ 海胆化石

岩丛中的海胆化石属于实体化石，管状根足都清
清楚楚。

野柳海滩不仅有鬼斧神工的怪石，还
常能见到退潮后留下的五颜六色的贝壳、
海胆，海岸边还有美人蕉、龙舌兰、海鞭
蓉、南国蓟等植物，使它更显迷人。

每年秋季，北方鸟类南下避冬，经长途旅行后，第
一个落脚歇息的地方就是野柳；而春季，鸟类选择
野柳做最后的补给站后，才振翅北返。

❖ 野柳海滩奇石组图

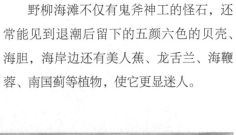

海蛋

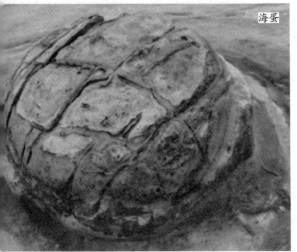

烛台石

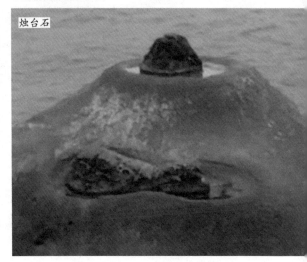

北海银滩

北海银滩的植被十分丰富，沙滩干净洁白，海水纯净碧蓝，空气清新怡人，环境优雅宁静，有"北有桂林山水，南有北海银滩"之称。

北海银滩的沙滩运动和海上运动娱乐项目是国际上规模最大的，这里也是最理想的滨海浴场和海上运动场所。

北海银滩由银滩公园、海滩公园、情人岛公园等组成，位于广西北海市银海区，海滩宽度为 30 ～ 3000 米，占地面积约 38 平方千米。

白虎头

鸟瞰北海银滩，它就像一只张开大嘴的白虎，所以这里原来被人们叫作"白虎头"。

北海银滩的沙滩是由洁白、细腻的石英砂堆积而成，沙滩会在阳光下泛出银光，让每个看到它的人都深受吸引。

2012 年 7 月 2 日，第一届"中国十大最美海滩"网络评选，北海银滩位列第三名。

❖ 北海银滩

❖ 天下第一滩

1997 年 1 月 4 日，前国家主席杨尚昆在北海银滩挥毫写下"天下第一滩"几个字。

随着旅游业的兴起，北海银滩这个浪漫的名字完美地替代了"白虎头"这个名字，现在很少有人再提及和想起"白虎头"了。

天下第一滩

北海银滩的主要特点是滩面宽、长、连绵而无礁石，沙子干净且细白，海水温暖纯净，就连浪花打在人们的脚上都是柔软舒服的。北海银滩海域的风浪很小，适合游泳、戏水，而且水中没有鲨鱼等，游客们可以放心地在这里玩耍。正因为这些特点，北海银滩才被称为"天下第一滩"。

北海银滩为了丰富旅游文化，会经常举办北海沙雕大赛。每届大赛的主题都不相同，选手按照主题自由发挥想象力进行创作。大赛分为校园组、业余组，但是每队人数最多不超过 6 人。

北海银滩属于亚热带海洋性季风气候，春秋两季不明显，夏季很长，冬季较短，冬季也会很暖和，人们大都喜欢穿衬衣、短裙走动。夏季相对较热，但常有海风吹来，也可在树荫下乘凉。

❖ 亚洲第一钢塑——"潮"

这是北海银滩的标志性建筑物，位于海滩公园。它是亚洲最大的音乐雕塑喷泉，由巨大的不锈钢球镂空制成，7 位裸体少女护卫着球，环绕"潮"的是由 5250 个喷嘴组成的人工音乐喷泉。以大海、潮水为背景，形成完美和谐的统一体。

北海银滩的沙子尤为优质，为国内外所罕见，被专家称为"世界上难得的优良沙滩"。

北海银滩浴场宽阔，可同时容纳 1 万多人游泳，浴场退潮快，涨潮慢，沙滩自净能力强，游泳安全系数高，海水透明度大于 2 米，超过我国沿海海水平均标准的 1 倍，年平均水温为 23.7℃。它是理想的滨海浴场和海上运动场所之一，被称为"南方北戴河""东方夏威夷"。

晚上在北海银滩，借助强光手电筒，可以观看到远处的飞鱼跃出海面滑行，又钻入大海，继而跃起，鱼鳞在光照下一闪一闪的，这种场景在其他海域很难看到。

❖ 北海银滩的飞鱼

音乐沙滩

音乐沙滩有一种独特的气质，它用美妙的乐声打动了每个到此的人，这种奇特的景象在世界海滩中也十分罕见。

音乐沙滩位于海南省陵水县东部沿海的清水湾，南临三亚海棠湾和亚龙湾，北眺南湾猴岛。

清水湾的海岸线长约 12 千米，风景绝佳，弧形的海岸一半是礁岩，一半是沙滩，集合了海南东、西两地截然不同的景观。来到这里，可以观赏清水、白沙、怪石、奇岭等。

清水湾有海南最清澈的海水之一，水质达到国家一类海洋水质标准。毫不夸张地说，它可以与亚龙湾的海水相媲美。清水湾的水深约为 2 米，沙滩平缓涉水 200 米远，是世界顶级的天然海滨浴场。

世界上只有 3 个地方的沙滩会唱歌：一处在美国的夏威夷，一处在澳洲的黄金海岸，最后一处就是海南清水湾音乐沙滩。

❖ 清水湾美丽的沙滩

音乐沙滩的海沙极为细腻，沙滩从海边到椰林可以分为5个分段：海浪冲刷区、湿沙区、音乐沙滩区、小阻力沙滩区、大阻力沙滩。而音乐沙滩区则是清水湾最值得推荐的地方，走在音乐沙滩上，沙滩上的沙子被脚踩压后，会发出银铃般清脆的"哗、哗、哗"声，特别有意思。大千世界无奇不有，有石头会唱歌，也有木头会唱歌，却很少有沙子会唱歌的，清水湾这个会唱歌的音乐沙滩在世界海滩中罕见。

音乐沙滩的沙质非常软，让人惬意舒适，而且人少景美，很适合小孩和老人来玩沙，尤其适合情侣们牵着手漫步在沙滩上，聆听脚下的沙滩唱出独特的歌曲。

这是音乐沙滩的网红打卡点之一。

❖ 音乐沙滩一端的灯塔

玛雅湾海滩

给 人 一 种 与 世 隔 绝 的 感 觉

玛雅湾海滩是一个深受阳光宠爱的地方，拥有洁白的沙滩、宁静的海水、隔世的海湾、天然的洞穴，未受污染的自然风貌，是近年来炙手可热的旅游度假胜地之一。

❖ 只有一个出口的玛雅湾

❖ 海盗洞入口

泰国的小皮皮岛的面积约为 6.6 平方千米，整座小岛除了耸立的峭壁、几个巨大的石灰岩洞穴外，很少有沙滩，而玛雅湾却环抱着一个美丽的海滩——玛雅湾海滩。

隔世的玛雅湾

小皮皮岛的西南部有一个被三面峭壁环抱、只有一个狭窄出口的绝美海湾——玛雅湾，湾内不大，却有令人惊喜的白沙滩和清澈的海水，而且海水不深，直接站在沙滩上就可以看到湾内水底色彩斑斓的各种小鱼，这里是整座小皮皮岛最出色的潜水地点，浮潜、深潜都很棒。

玛雅湾这个如天堂般的海湾，1999 年成为莱昂纳多·迪卡普里奥主演的电影《海滩》的取景地之一。从此，这个不为人知的秘境名声大噪，成为一个度假胜地。

海盗洞

沿着玛雅湾海滩外的海岸线有众多的石灰岩洞，其中有一座巨大的石灰岩洞的洞壁上保存有绘有史前人类、大象、船只等的古壁画，据传说这里曾被当年的安达曼海盗作为窝点使用，因此被称为"海盗

❖ 电影《海滩》的取景地

洞"或"维京洞";又因为洞内栖息着很多海燕,盛产燕窝,所以这里也被称为"燕窝洞"。

海盗洞的海水非常纯净,海底世界更是多姿多彩,隐约可见绚丽的珊瑚礁岩,因为交通不便,游人很少,是一个潜水的好地方。

❖ 海盗洞

金巴兰海滩

金巴兰海滩特有的热情和朴实使它极具亲和力，狭长的海滩似乎没有终点，每当夕阳西下，落日就像沉入大海一样，短暂却又无比美妙和壮观，夜归的渔人在夕阳的逆光下形如剪影，又似乎是一幅永不褪色的风景画。

巴厘岛的料理主要以咖喱、各式南洋香料为主，包括茴香、豆蔻、胡荽子、芥末、胡罗巴、黑胡椒、黄姜等，有数十种之多，酸味则不如泰式重，有许多小拼盘，色、香、味俱全。

印度尼西亚一直是中国游客的热门旅游目的地，尤其是阳光明媚的巴厘岛。巴厘岛是印度尼西亚 13 600 多座岛屿中最耀眼的一座，坐落在赤道偏南一点，具有典型的热带气候，这里四季分明，景色绝美。

金巴兰海滩因为美丽的落日以及渔人特殊的作业方式而出名。

❖ 金巴兰海滩落日

有人将巴厘岛的形状说成是一只母鸡，鸡脚一带（南部地区）是岛上最奢华的地方，狭长的金巴兰海滩就位于这个地区，它是整座巴厘岛最让人感到亲切的一个海滩。除了金巴兰海滩之外，在巴厘岛南部还有库塔和努沙杜瓦等有名的海滩。

金巴兰海滩旁的小渔村居住着岛上的渔民，虽然如今海滩边因为旅游业，建立了许多酒店、餐厅、海边大排档等，但村内的大部分渔民仍然靠古老的小木舟出海捕鱼谋生。

金巴兰海滩并不十分柔软，沙滩上的沙子调皮（如今的沙滩有点脏）地向大海延伸，海水并不是清

澈湛蓝的，海浪柔和而无力地拍打着海滩，泛着一线白浪花带，使海滩与海之间有明显的白色泡沫界限。与巴厘岛上的其他海滩相比，金巴兰海滩并无太多特色，甚至有点逊色，它以壮观的海上日落美景而闻名，这里的日落美景被评为"全球最美的十大日落"之一。

傍晚，坐在金巴兰海滩边的露天餐厅或大排档中，一边欣赏着落日，看天空逐渐由明亮变成通红、暗红，太阳缓缓没入海平面；一边听着歌手们演唱各国歌谣，享用海鲜烧烤，别有一番情趣。这便是金巴兰海滩的最大魅力。

❖ **金巴兰海滩边的大排档**

金巴兰海滩上的大排档是一大特色，每到傍晚，大部分地方会摆满各种餐桌，这点和国内的美食城、小吃街很像。

无论从世界哪一个角落来到金巴兰海滩的人，都会骤然失去相互间的陌生感，欧洲人喜欢在这里体验帆板运动或短程的航海（有帆板和小船出租），而亚洲人则更喜爱海滩上的美味海鲜烧烤。

巴厘岛属于热带雨林气候，整年气温变化不大，白天气温都在 28℃ 左右，一般午后多对流雨（雷阵雨）。晚上气温也在 26℃ 左右，天气闷热潮湿。无论哪个季节都是巴厘岛旅游的旺季。

努沙杜瓦海滩

努沙杜瓦海滩是巴厘岛最早开发的海滩，也是巴厘岛上最好的海滩，这里风平浪静，椰树茂盛，以巴厘岛最美日出观赏地而闻名。

努沙杜瓦海滩位于巴厘岛南部伯诺阿半岛伸出海的一个岬角处，是巴厘岛开发最早的海滩之一。

布满大量的五星级酒店

努沙杜瓦海滩距离巴厘岛首府登巴萨 8 千米，距离风景绝佳的乌鲁瓦图悬崖（"情人崖"）也仅有 20 多千米。

努沙杜瓦海滩绵延 5 千米，风景秀丽，海滩的沙子又粗又圆，整个海岸线上布满了大大小小的酒店、度假村，其中还有大量的五星级酒店，如穆利亚、凯悦、威斯汀、索菲亚等，海滩被这些酒店、度假村分割成不同大小的私人沙滩。

努沙杜瓦海滩的日出大约从早上 5 点半开始，太阳穿过水墨画般的云层后，逐渐在海水中投射出一片金光。

❖ 努沙杜瓦海滩日出

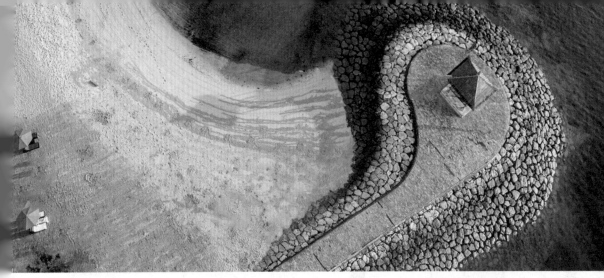

❖ 鸟瞰努沙杜瓦海滩

　　努沙杜瓦海滩的沙子虽然也不细腻，但是比库塔海滩和金巴兰海滩干净很多，这里的海水清澈见底，而且风平浪静，海岸有不少珊瑚礁，非常适合潜水及各种水上活动。

　　如果说金巴兰海滩是巴厘岛上欣赏日落的最佳地方，那么努沙杜瓦海滩则是巴厘岛最美的日出观赏地，每天清晨，海滩边的酒店朝阳的客房和酒店的沙滩上，都会有很多人等待观赏红彤彤的太阳探出海面时金光四射的壮观美景。

　　虽然与巴厘岛的其他海滩相比，努沙杜瓦海滩的游客少很多，但是这里的水上活动项目并不少，从"水上摩托车""香蕉船"到"飞鱼""火箭"等一应俱全，游客还能在玩得尽兴之余乘船出海观赏美景。

❖ 努沙杜瓦海滩中穆利亚酒店
　 的私人沙滩部分

库塔海滩

库塔海滩拥有巴厘岛最丰富的夜生活，被誉为巴厘岛最热闹的海滩，除此之外，这里风急浪高，是冲浪者的天堂。

库塔海滩是离巴厘岛机场最近的一个海滩（约 15 分钟车程），距离巴厘岛首府登巴萨约 10 千米。库塔海滩纵跨多个区，向北与水明漾海滩相连，全长大约 7 千米，是巴厘岛游客最聚集的地区。

如集贸市场一样混杂

库塔海滩旁边原本只有一个很小的村子，如今随着旅游热，小村已经和库塔海滩浑然一体，小村的街道一直延伸到海滩，而且很大一部分海滩已经变成了小村的集贸市场，许多商店、饭店、烧烤店成为海滩的组成部分，还有各式小商贩穿梭在海滩的各个角落，向游人兜售着各种饮料、水果、零食以及纪念品，如 T 恤、沙滩服、拖鞋、小泥铲、小桶等。

❖ **水明漾海滩打卡地：秋千**

水明漾海滩和库塔海滩一样，是一个可以冲浪和看日落的海滩，只是比库塔海滩略逊一筹，也不如库塔海滩热闹，但是却多了一份安静和淳朴。

库塔海滩纵跨巴厘岛的库塔区和雷吉安区，向北延伸到水明漾海滩。

❖ **达摩衍那寺**

达摩衍那寺是当地最古老的佛寺之一，可追溯到两个世纪前，这是巴厘岛的地标之一，站在库塔海滩任何繁华的街口，一眼就能看到它屋顶的红瓦。

库塔海滩几乎没有大型豪华的酒店、宾馆，大部分都是二、三星级的度假旅店、宾馆和酒店，它们紧挨着海滩而建，占据着海滩的最佳地理位置。

❖ 延伸到库塔海滩的商业街道
白天这些商业街道相对冷清，每到晚上，这里就开始变得热闹起来。

❖ 海滩上的躺椅

❖ 库塔海滩日落

丰富多彩的夜生活

　　金巴兰海滩的日落被誉为全球最美的十大日落之一，库塔海滩的日落美景也毫不逊色。每当落日的余晖照耀在酒店的玻璃窗户上时，整个海滩就开始沸腾，人们纷纷驻足欣赏让人陶醉的日落美景，同时也开启了巴厘岛的夜生活。

　　当太阳没入大海，库塔海滩上的餐厅、酒吧、烧烤摊以及各式小吃摊的灯光、烛光就会被集体点燃，在夜幕下与星星、月亮一起闪烁。游客们会随着清凉的海风，闻着美食的味道来到这里，品尝当地的各种特色美食。

库塔海滩乃至整座巴厘岛有很多商店、饭店的招牌都是中文的。

❖ 海鲜世界酒楼

享受完美食后，只需走几步，就可以闲逛商业中心（又称"洋人街"）和各种夜市，因为这里最繁华的地方就在库塔海滩和海滩周边，在这里既可以在商业中心购物，也可以在夜市中看到临时搭建的舞台上表演的各种当地的舞蹈，如著名的猴舞、少女舞、火舞和巴隆舞等。

库塔海滩的夜晚对爱热闹的人来说，简直就是天堂。

最出名的冲浪胜地

虽然库塔海滩的沙子和金巴兰海滩的沙子一样，都很普通，而且海中有浪涛，不适合泛舟、游泳，但却是冲浪的好地方。

库塔海滩适合不同技术水平的冲浪爱好者在不同的时间冲浪，如果是冲浪新手，最好是早上冲浪，这时候的海浪不会太大、太高，很安全。不过，这里的海浪会随着时间的推移而变大，越晚越大，也越危险，但是却越被冲浪高手喜欢。而落日后，这些冲浪者也会夹带着冲浪板，融入库塔海滩独特而又令人迷醉的夜生活中。这一切都深得寻求刺激的年轻一族的青睐，库塔海滩也因此成为当地最出名的冲浪胜地。

❖ 冲浪

❖ 海龟保护站

除了令人迷醉的夜生活和狂野的冲浪之外，库塔海滩上还有一处特别的亮点——海龟保护站。它建于2002年，目的是保护海龟并作为海龟种群的繁殖基地，多年来已经向巴厘岛各个海域投放了成千上万只人工繁殖的幼龟。

麦克海滩

麦克海滩的沙细白柔软，海水颜色多变，岸边椰树葱郁，可观落日红霞，是人们公认的塞班岛最美的海滩和最受潜水者青睐的潜点之一。

❖ 很小的军舰岛

这里的海水有7种令人不可思议的颜色变化，从麦克海滩一直延伸到军舰岛。

❖ **颜色多变的海水**

麦克海滩位于塞班岛的西部海岸，距离塞班国际机场的车程约为 25 分钟，是塞班岛最具代表性的海滩，也是最受潜水者青睐的潜点之一。

塞班岛最具代表性的海滩

麦克海滩虽然仅 1 千米长，却拥有非常宽广且平缓的柔软白沙滩，无风无浪，海水呈现 7 种令人不可思议的颜色变化，海滩上有一排帆布躺椅，可躺在上面一边晒日光浴，一边欣赏海中的孤岛——军舰岛的风光，或者等待塞班岛最美的落日余晖。

麦克海滩边有许多塞班岛最有名的酒店，如悦泰酒店和凯悦酒店等。此外，海滩边还有免税店、各种小卖部、咖啡店以及潜水商店等，可供游人消费。

久炸不沉的军舰岛

军舰岛很小，周长不到 2 千米，距离麦克海滩的西侧很近，乘船 10 分钟就能到达，它的当地名字是"Managaha Island"，意为珍珠。据传，第二次世界大战时，美军轰炸机在塞班岛上空见到这座小岛，误认为是一艘日本军舰，于是投下了许多炸弹，久炸不沉，所以得名"军舰岛"。

"没有到军舰岛，就等于没有真正到过塞班岛"，这句话一点儿也没错。整座军舰岛都被银白色的沙滩环绕，外围则是布满珊瑚礁的浅滩，海水非常清澈，水下还有大型沉船，其周围有众多彩色软珊瑚，色彩缤纷的鱼类穿梭其间，美不胜收。军舰岛和麦克海滩一样，都是潜水的好地方。

❖ **麦克海滩对面的军舰岛**

❖ **麦克海滩**

据很多旅游杂志介绍，麦克海滩的沙子是塞班岛上最细、最绵软的。

❖ **军舰岛海滩上的沉船**

鳄鱼头海滩

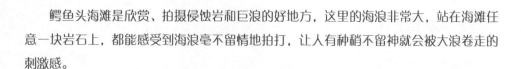

拍摄侵蚀岩和巨浪的好地方

鳄鱼头海滩是欣赏、拍摄侵蚀岩和巨浪的好地方，这里的海浪非常大，站在海滩任意一块岩石上，都能感受到海浪毫不留情地拍打，让人有种稍不留神就会被大浪卷走的刺激感。

塞班岛长约21千米，最宽处9.7千米，四面环海，它西临菲律宾，东临太平洋，大片海滩从岛西一直延伸到南部；东部海岸多石且凹凸不平，北部海岸则是陡峭的悬崖，其间也分布着众多海滩和海湾。因此，塞班岛有"西太平洋明珠"的美誉，是游泳、晒日光浴和浮潜的好去处。

鳄鱼头海滩上分布着鳄鱼悬崖与蛋糕石。

❖ 鳄鱼头海滩

塞班岛北部的地形陡峭，沿岸多悬崖，分布着众多第二次世界大战时期的历史遗迹，如日军最后司令部遗址、日军火药库遗迹、自杀崖和万岁崖等，而鳄鱼头海滩就位于这些遗迹不远处的悬崖峭壁之间。

鳄鱼头海滩

塞班岛北部多海浪和侵蚀岩地貌，因此海滩多巨石，比较凶险，而鳄鱼头海滩就是塞班岛北部最具代表性的海滩，这里的海浪汹涌地拍打着礁石，浪花飞溅。鳄鱼头海滩因海滩边的山崖远远望过去，像一头凶狠的鳄鱼俯卧在太平洋边上而得名。

鳄鱼头海滩没有绵软的沙滩，海滩沿岸尽是壮观的侵蚀岩，在海滩的鳄鱼头山崖下方有一块蛋糕石，是欣赏和拍摄巨浪的最佳地点。在靠近岸边的地方还有一处常年积水的洼地，里面散落着许多大小各异、造型奇特的白色珊瑚石；沿着这个洼地前行，西边有一条小径可以直通被植被覆盖的悬崖顶部，在那里可以远眺壮阔的大海和翻滚的海浪。

❖ 万岁崖

万岁崖、自杀崖

　　从鳄鱼头海滩往北,不远处就是塞班岛有名的景点——万岁崖和自杀崖。

　　1944 年,美军开始攻击马里亚纳群岛上的日军基地,美军在塞班岛抢滩成功后,日军退到塞班岛北端,美军以 7 万兵力包围了日本海军司令部,日本海军司令南云忠一拒绝成为美军的战俘,命士兵逼迫军属,高呼着"万岁"跳下山崖自杀,因此得名"万岁崖"。第二天,上千的日本人又从离万岁崖不远处一座 250 米高的山崖上跳下,南云忠一也切腹自尽,此处得名"自杀崖"。

日军最后司令部遗址

　　日军最后司令部遗址离自杀崖不远,门很小,里面也不大,可见当年日军最后真是被逼得走投无路了。

在日军最后司令部遗址外面展示着第二次世界大战时期遗留下来的坦克、大炮等战争遗留物，在后面的珊瑚石山洞里还有一个要塞，如今已成为处处绿意的小公园。

塞班岛蓝洞

塞班岛蓝洞是到塞班岛旅游时必须"打卡"的一个景点，它离鳄鱼头海滩不远，是塞班岛最著名、难度最高的潜点。

在亿万年前，塞班岛上的一个火山口经地壳运动被珊瑚礁岩和石灰岩覆盖，形成了富有变化的地形，再经过海水长期侵蚀、崩塌，形成一个水深达到 17 米的深洞，光线从外海透过水道折射进深洞后会透出淡蓝色的光泽。光线投射在岩石上形成的阴影吸引了很多鱼群，洞内的海底世界比陆地上的景色还要精彩，这便是塞班岛蓝洞。

❖ 日军最后司令部遗址外的大炮

在塞班岛蓝洞深潜（潜水 30 米深），至少要拥有 PADI OW 和 AOW 或其他潜水机构同级别以上的证书。

塞班岛蓝洞受海潮影响，有时洞内的水平静无波，有时又波涛起伏，所以在洞内游泳和潜水时要特别小心。

❖ 塞班岛蓝洞

❖ 塞班岛蓝洞入口处

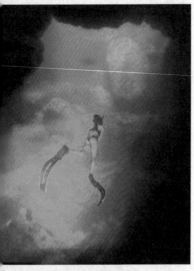

❖ 潜入塞班岛蓝洞

❖ 塞班岛蓝洞通往大海的出口

蓝洞对潜水者来说，不仅是一种潜水享受，还是一种对未知的挑战。因此，很多明星都喜欢在这里潜水，而且这里拍出来的照片非常美。塞班岛蓝洞也被《潜水人》杂志评为世界第二美的洞穴潜点。

鸟岛

在鳄鱼头海滩周边有一座半离岛——鸟岛，这是一块很大的石灰岩，上面布满了鸟巢，涨潮时成为海中孤岛，退潮时和本岛相连，整座岛屿绿意盎然，与鳄鱼头海滩呼应成景，宛如一块与世隔绝的绿翡翠，点缀在塞班岛沿岸。

坦克沙滩

十 分 可 爱 的 星 状 沙 粒

坦克沙滩是一个被郁郁葱葱的植被包围、人迹罕至的海滩，这里的海水湛蓝透明，沙子是奇特的星状沙粒，让世人倍感惊奇。

坦克沙滩又称星沙海滩，位于塞班岛的东岸中部，地处鳄鱼头海滩南边。

据说第二次世界大战时期，美军就是从这个沙滩开着坦克上岸的，故命名为"坦克沙滩"。如今，在坦克沙滩四周还有许多当年日军的碉堡残骸，海底也有许多当年美军登陆时因沉没而被废弃的坦克。

❖ 坦克沙滩

坦克沙滩虽然得名于美军的坦克登陆，但它却是因为沙滩上的沙子与众不同而闻名，坦克沙滩的沙子是星状沙粒，这是一种十分细小的珊瑚礁碎片，混杂于细沙之中，因此有了"星沙"这样的美名。

星沙十分可爱，被世界各地的游客喜爱，为了保护这片海滩，塞班岛不允许游客携带任何当地的沙子、礁石、珊瑚石、贝壳之类的东西离岛，被发现后会重罚。因此，即便是再美的星沙，游客们也不要有抓一把沙子带走的冲动。

坦克沙滩相对平坦，不像塞班岛的北部山崖和礁石众多，这或许就是当年美军坦克由此登陆的原因吧。站在坦克沙滩上眺望远处，层层叠叠的海浪由远至近，浪头慢慢减弱并消失在海滩上，景色绝美。

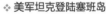

❖ 美军坦克登陆塞班岛

丘鲁海滩

丘鲁海滩是天宁岛一处极具个性的海滩，在海滩沿线不仅有大量第二次世界大战时期的遗迹，还有曾经的原住民国王的宫殿遗迹、私家海滩和壮观的喷水海岸。

天宁岛又名提尼安岛，是美国的海外领地，位于塞班岛的南面 6 千米处，是北马里亚纳群岛的第二大岛，面积比塞班岛稍小。在天宁岛南端的西北部有一个与塞班岛的坦克沙滩一样的星沙滩——丘鲁海滩。

丘鲁海滩

在第二次世界大战中，美军攻下塞班岛后转战天宁岛，美军声东击西，放出欲从天宁港登陆的假消息，却意外从丘鲁海滩登陆，使日军措手不及，因此，丘鲁海滩也被称为"登陆海滩"。

丘鲁海滩与塞班岛的坦克沙滩一样，是由细小的珊瑚礁碎片组成的，这里的沙子呈星状。传说，每当流星划过夜空，人们便会对着流星许下心愿，这些流星便带着人们的美好心愿坠入太平洋中，日积月累，年复一年，被海水冲刷成有棱有角的星沙，如果能捡到八角星沙还会获得好运。

不管传说是否真实，如果与爱人一起在这里寻找八角星沙，一定是一件很浪漫的事！与塞班岛的坦克沙滩不同的是，这里的星沙是可以带走的。

❖ **天宁岛独有的辣椒酱**

天宁岛独有的野生辣椒是目前世界上已知的最小的辣椒，被当地的原住民戏称为"DONNE SALI"，意为"丛林鸟播撒的种子"。

第二次世界大战时，丘鲁海滩是美军抢滩登陆天宁岛之地。如今这里成为观赏星沙和垂钓的极佳地点。

❖ **第二次世界大战时的美军登陆照**

❖ 丘鲁海滩

塔加海滩

从丘鲁海滩沿着海滨公路向天宁岛的西南角徒步，不远处就是天宁岛最大的海滩——塔加海滩，据说这个海滩是曾经的天宁岛统治者塔加酋长的私人海滩。

这里拥有绵延的白色沙滩，海水深浅不一，透明度极高，天气好时甚至可以看到海底，海底呈现的景色也各不相同，如同梦境一般，像是打碎的金色翡翠，不禁让人有种莫名的怜惜心理，不忍打扰，这里是不同水平的潜水者的理想潜水地。

塔加海滩有诱人的景致，是戏水拍照的绝佳之地，因此成为热门的广告拍摄地，更是深受人们喜爱的写真照拍摄地点。

塔加石屋遗址

沿着丘鲁海滩向西，不远处是天宁岛上的原住民查莫洛人的塔加石屋遗址，据说这座石屋是塔加酋长的官殿，距今已有 3500 年的历史，石屋由 12 根巨大坚硬的石灰石和珊瑚礁柱子撑起，这些石柱被称为"拉提石"，最高达 6 米，现在仅存一根高约 3 米的拉提石还立在塔加石屋遗址中。游览过塔加石屋遗址的人，都会为当地古代查莫洛人的手艺而大大感慨。

❖ 拉提石

❖ 塔加海滩

在风浪大时，潮水喷起的水柱最高可以达到 18 米，相当壮观。

喷水海岸地形复杂，尤其有非常坚硬的礁石，所以游客要选择鞋底较硬的鞋子，保护自己的脚，防止被突出的礁石划伤。

❖ 喷水海岸

在天宁岛，乃至整个北马里亚纳群岛上的原住民都将拉提石视为神物，称其为镇岛石柱，据说拉提石不能倒，否则将有大灾难来临。如今，拉提石又被赋予了新的神力，据说膜拜它，就可以保佑情侣们的爱情像镇岛石柱一样天长地久。

喷水海岸

沿着塔加石屋遗址前行，透过道路两旁郁郁葱葱的椰树，不远处是迷人的蓝绿色的海洋，在海岛的东南角就是被列为世界五大奇景之一的喷水海岸。这里是来丘鲁海滩的游客们的必游景点。

喷水海岸的地形十分复杂，整个海岸遍布着大小不同的不规则火山岩溶洞，这些溶洞是由历经百万年海浪冲击的火山岩形成的。每当被潮水扑打时，溶洞就会发出惊人的巨大回声。除此之外，海水还会随着浪涌，穿越洞口直朝空中喷出数丈高的水柱，像鲸喷出的水柱一般。如果运气好的话，还能见到水雾折射出的若隐若现的彩虹。

布拉波海滩

与 众 不 同 的 颓 废 美

布拉波海滩的风浪很大，是风筝冲浪、滑浪风帆等水上运动的天堂。此外，这里还有一个死寂的池塘，透出一股与众不同的颓废美。

长滩岛是菲律宾中部的岛屿，整体呈狭长形，随着风向的不同，岛的东、西两边经常出现截然相反的景象：岛西海面温和、坡度平缓，最有名的沙滩就是白沙滩，游人可以在这无风的环境下游玩、休憩；岛东却是沙粗浪涌，布拉波海滩就位于此。

冲浪者的天堂

布拉波海滩的沙子不够细软，甚至有些粗犷，而且这里的水质一般，还有很多海藻，不如岛西的白沙滩那么美。不过，由于布拉波海滩的风浪很大，因而成了风筝冲浪、滑浪风帆等水上运动的天堂，每年都会举办冲浪比赛。在布拉波海滩最常见到的是冲浪者踩着舢板，拖着巨大的海风筝在浪涛中搏击，就像拖着一大群在空中飞舞的五彩弯月。

❖ 冲浪者的天堂

❖ 死亡树林

死亡树林

　　布拉波海滩不仅是冲浪者的天堂，而且还是摄影师、探险者和艺术家们的天堂，在布拉波海滩的最南端有一个被称为"水中森林"的古老池塘，里面布满了死去的红树林。

　　"水中森林"中的树枝和树干形态各异，有的枯朽，有的仿佛还在苟活，有的探出水面，有的则横卧于水下，水中透出迷幻的树荫，水面不起半点儿涟漪，四周一片死寂、昏暗，因此这里又被称为"死亡树林"，让很多游人望而却步。但是，它却成了艺术家们眼中的宝库，在他们看来，四周弥漫的死亡气息有一种与众不同的颓废美。

❖ 风筝冲浪

芭东海滩

芭东海滩有宽阔金黄的沙滩、细腻无瑕的沙粒、碧如翡翠的海水，它是普吉岛上最有名的海滩，几乎美到无可挑剔。

普吉岛位于印度洋安达曼海的东南部，被誉为"安达曼海的明珠"，是泰国最大的海岛和主要的旅游胜地，岛上最值得推荐的景点除了古老的普吉镇之外，还有位于普吉岛西海岸的众多海滩，而这些海滩中最有名的就是芭东海滩。

不夜城

芭东海滩全长 3 千米，距普吉镇约 12 千米，这里的沙滩平缓，海浪柔和，不仅有完美的海滩美景，而且有丰富的娱乐、度假项目和热闹的夜市。

芭东海滩周边每个拐角都能找到卡巴莱歌舞表演地和震耳欲聋的夜店，到处弥漫着享乐主义，并被当地人引以为豪，是普吉岛上开发最早、发展最成熟的海滩之一，被视为普吉岛上最重要、开发最完善的地区。

芭东海滩上各种水上活动一应俱全，有水上拖伞、橡皮艇、帆船、冲浪、摩托艇等，美中不足的是，芭东海滩游客很多，较为吵闹，不如其他海滩的水质好。

❖ **芭东海滩**

❖ **古老的普吉镇**

普吉岛早在公元前1世纪曾经被矮小但勇敢的海上游牧族所占据，他们没有任何文字和宗教信仰，被称为"Chao Nam"或"海上的吉卜赛人"。

据相关报道，普吉岛上的原始矮人部族直到19世纪中叶还仍然生活在普吉岛中心地带的茂密丛林里，后来由于大批的开采者来普吉岛开采锡矿，他们才彻底迁移。

洗涤心灵的芭东佛寺

芭东佛寺是普吉岛上最古老的寺庙，寺内供奉着一尊半藏于地下、风格奇异的佛像。相传，古时候缅甸军队攻占普吉岛，曾经想搬运走这尊佛像，就在缅甸士兵准备挖掘佛像的时候，天空中乌泱泱地飞来了一群黄蜂，将佛像团团围住，缅甸士兵以为佛像显灵了，纷纷放弃挖掘，佛像才得以保存至今。

如果游玩过芭东海滩后意犹未尽，还可以去卡塔海滩、卡伦海滩等海滩；如果逛芭东佛寺还不尽兴，还可以去海岸教堂、查龙寺、普吉大佛等地。除此之外，普吉镇也是一个不错的地方，镇中除了有很多中式建筑之外，还有大量西方殖民时期风格的建筑，以及多元化的老建筑、老爷车、老式巴士，向游客展示着历史情调。

因为法律的限制，加上泰国庙宇不时兴放鞭炮，泰国唯有普吉岛成了特例，逢年过节也只有在普吉岛上才能听到鞭炮声，查龙寺也是允许当地人放鞭炮的寺庙之一。

❖ **芭东佛寺**
芭东佛寺是普吉岛上历史最悠久的一座佛寺，寺内供奉着一尊半藏于地下的佛像。

卡马拉海滩

卡马拉海滩隐匿在普吉岛的僻静一角，既拥有翠绿的古朴自然环境，又不乏奢华，是一个还未走近、心情就能慢慢变得平静的地方。

卡马拉海滩位于芭东海滩以北，与普吉岛其他的海滩不同，这里仍处于相对未开发的状态，是普吉岛唯一一个保持原始渔村旧貌的海滩。

与世隔绝的自然美景

卡马拉海滩宁静却不失趣味，海湾壮丽宏大，绿松石色的海面静谧而清澈，在岩石遍布的海滩北端，混杂生长着大量的棕榈树和菠萝树。

卡马拉海滩没有芭东海滩那么大，也没有那些热闹喧嚣的夜店和刺激的水上运动，显得很安静，绵柔细腻的沙滩与湛蓝如玉的海水如同一幅静谧的风景画。

❖ 宁静的卡马拉海滩

❖ 幻多奇乐园售票处

❖ 幻多奇乐园广场

这里每天都会上演泰国的历史剧，融合了很多泰国古老的文化，包含舞蹈、杂技、魔术和动物表演等。

幻多奇乐园

　　卡马拉海滩不仅有纯净的自然美景，在海滩一隅还有一个幻多奇乐园，其占地甚广，内有主题商业街、小吃摊、宫廷式餐厅及豪华的现代化大剧院等，处处显示着普吉岛的古老村落和泰国传统文化神秘的一面。幻多奇乐园还有一个以高棉寺庙为主体布景的舞台，它将多彩而华丽的泰国舞蹈和先进的声光技术完美地结合在一起，这里的大象表演最有名，十几头大象站在一起，踩踏舞台发出重重的脚步声，十分壮观。当地人把幻多奇乐园视为本土的迪士尼乐园。

百万富翁之路

卡马拉海滩背靠山林，在山林和海岸线上有多家星级酒店、度假村，还有一些豪华别墅，因此这里又有"百万富翁之路"的盛名。

在卡马拉海滩，无论是光着脚丫踩着细软的沙子，踏着海浪散步、发呆、追逐、玩耍，还是在山林中独特和私密性很高的树屋别墅的无边泳池中游泳或在一线海景豪华酒店里度假，都能让人身心愉悦，忘记一切烦忧。

❖ 树屋别墅的无边泳池

落日时，卡马拉海滩的天空被染成了橙红色，等到太阳完全落下去后又变成了粉红色，美得像画一样。

❖ 卡马拉海滩落日

荧光海滩

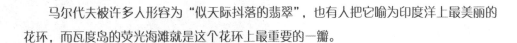

马尔代夫被许多人形容为"似天际抖落的翡翠",也有人把它喻为印度洋上最美丽的花环,而瓦度岛的荧光海滩就是这个花环上最重要的一瓣。

在马尔代夫 1000 多座岛屿中,最被推崇的景点就是众多迷人的海滩,因常年经受印度洋海水的冲刷,这里的海滩显得格外洁白、细软,拖尾沙滩就是其中的代表。除了拖尾沙滩之外,瓦度岛的荧光海滩在马尔代夫的众多海滩中也颇具特色。

马尔代夫拥有拖尾沙滩的岛屿有库拉玛提岛、可可尼岛、康迪玛岛、迪加尼岛、奥露岛、丽世岛等。

❖马尔代夫拖尾沙滩

浮游生物散发出幽蓝的光

荧光海滩的光是由无数浮游生物散发出的幽蓝的荧光,而散发这种荧光的浮游生物多为多边舌甲藻或鞭毛藻,当它

❖ 在瓦度岛潜水

们被海浪拍打或受到人为的压力时，就会像萤火虫一样发出绿色或者蓝色的荧光。每当夜色降临时，它们就会随着海浪的推动，将光点拍打在沙滩、岩石上。当潜水者不经意间触碰到海水中的光源时，它们会忽明忽暗地回应潜水者，令人如梦似幻，流连忘返。

瓦度岛首先将水上屋的概念引进马尔代夫群岛，可以说是水上屋概念的先驱。

最先发现荧光海滩的是我国台湾地区一位在瓦度岛度假的摄影师，他用镜头记录下荧光海滩如梦似幻的景色，之后在社交媒体上公布了自己的发现，瞬间引起网友的关注，对荧光海滩的讨论也到了极点。

❖ 瓦度岛水上屋

❖ 瓦度岛水上屋边的"蓝眼泪"

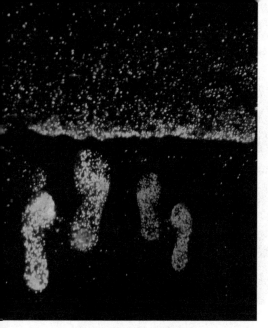

❖ 瓦度岛海滩上的"蓝眼泪"

潜水胜地

　　瓦度岛位于马尔代夫南环礁北端的珊瑚环礁的群礁边缘，水下周边有一圈海沟，拥有绝佳的天然景致与丰富的海洋生态，犹如一座天然的海洋水族馆。

　　瓦度岛不管是珊瑚还是鱼类都非常丰富，给潜水者提供了绝佳的潜水环境，环岛一周有 40 个以上的潜点可供潜水者选择。它曾被《世界潜水旅游》杂志评选为"最佳潜水地"。

马尔代夫拥有丰富的海洋生物，包括 70 多种五颜六色的珊瑚。人们可以透过清澈的海水，观察到令人难以置信的海底世界。

瓦度岛是潜水爱好者的天堂，有超过 40 个潜点。人们也可搭乘多尼船在环礁内享受黄昏钓鱼、拜访邻近岛屿或原住民岛的乐趣。

生物发光现象是指生物通过体内的一定化学反应，将化学能转化为光能并释放的过程。萤火虫的发光就是最为人所知的一种生物发光现象。

全世界有 7 个有名的荧光海滩，3 个在波多黎各，2 个在澳大利亚，1 个在马尔代夫，1 个在我国的秦皇岛。2014 年，我国大连也出现了荧光海滩，最著名的荧光海滩位于波多黎各的维切克岛。

❖ 马尔代夫美景

珍南海滩

最 美 的 珍 珠 海 滩

　　兰卡威岛有悠久的历史、灿烂的传统文化和让人心旷神怡的美景，珍南海滩更被誉为"最美的珍珠海滩"。

　　兰卡威群岛又名浮罗交怡，位于马六甲海峡槟榔屿的北方，毗邻泰国，由99座石灰岩岛屿组成，是马来西亚最大的群岛。兰卡威岛是兰卡威群岛的主岛，其四面被海水环绕，绕岛一周长约80千米，岛内有很多山，也有很多海滩，其中最有名的海滩就是珍南海滩。

❖ 珍南海滩

❖ **兰卡威鹰**
兰卡威的老鹰有两种，红色的是兰卡威鹰，灰白色的是海鹰。

毗湿奴的坐骑

兰卡威岛是兰卡威群岛中面积最大且唯一有人定居的岛。"兰卡威"一词在古马来语中有"强壮的鹰"的意思，在岛上也流传着一个关于鹰的故事。相传，在兰卡威还没有名称前，一位王臣来到岛上，见到一只巨鹰伫立于巨石上，迟迟不肯离去，王臣认为那只巨鹰便是毗湿奴的坐骑揭路荼，在马来语里鹰是"helang"，而强壮是"kawi"，组合在一起即是兰卡威（helangkawi）。

因此，鹰是岛上的吉祥物，有着独特的意义，岛上也有很多关于鹰的建筑，还有著名景点巨鹰广场。

神秘的传说

兰卡威岛上不仅流传着鹰的故事，还流传着一个与珍南海滩有关的玛苏丽公主的故事。

相传，1819年，当地酋长向有夫之妇玛苏丽公主求爱，被拒绝后，诬陷公主不贞，说她涉嫌与吟游诗人通奸，因而判处她被马来弯刀刺死。

玛苏丽公主临死前，对着上天发下了最狠毒的诅咒："兰卡威岛的子子孙孙七代人都将不得安宁！"如此狠毒的诅咒宣泄着玛苏丽公主心中的愤恨，也为这座小岛增添了几许神秘色彩。玛苏丽公主死后不久，兰卡威岛就遭到暹罗（泰国）人的大举入侵，似乎应验了传说的真实性。

相传，玛苏丽公主被行刑之后，她的身体里流出了白色的鲜血，证明她的清白，而且她的血一直流淌，染白了兰卡威岛的海滩。

❖ **马来弯刀**
马来弯刀又称作马来帕兰刀，是一种马来人惯用的弯月形短刀，具有非常典型的地域特点。

❖ 巨鹰广场雕塑

玛苏丽之墓是为纪念200多年前的玛苏丽公主而建。这是一个带有悲剧色彩的故事，但是墓园建得很美。墓园里的水池、墓碑以及墓冢都是用岛上盛产的白色大理石雕砌而成的，造型典雅。

最美的珍珠海滩

珍南海滩的传说让人痛心，但是却成就了它洁白无瑕的魅力，这里的沙子洁白如珍珠，珍南海滩因此被誉为"最美的珍珠海滩"。

珍南海滩是兰卡威岛最受游人喜爱的海滩之一，它拥有绵长平缓的沙滩，清澈、碧绿的海水，在其周围的海底还有一条长15米的海底隧道，徒步海底隧道之中，可以观赏到神秘而美丽的海底世界：五颜六色的热带鱼在水下自由地穿梭，缤纷多彩的珊瑚群在海底摇曳，还有许多其他的海洋生物悠然游过。

神秘之地：黑沙滩

除了珍南海滩之外，兰卡威岛还有一个黑沙滩。据说玛苏丽公主发出诅咒后，暹罗人入侵兰卡威岛，那些迫害公主

❖ 黑沙滩

❖ 鳄鱼洞

❖ 兰卡威天空之桥

兰卡威天空之桥总长125米，呈圆弧状，悬空并被固定在山腰，然后再由8根钢缆牵引，整座桥被"吊"在了687米的高空，连接着两个山头，这是兰卡威的网红打卡之地。

瀑布一带的山岩较为平缓，可以攀登，但是由于长年被水流侵蚀，石头十分湿滑，需要小心攀爬。

❖ 七仙井

的人被暹罗人追杀到此，被杀后流出的黑血将原本的白色沙滩都染黑了。

黑沙滩位于兰卡威岛的最北部，它的形成其实并不神秘，它与很多其他地方的黑沙滩一样，是由于远古时候的海底火山爆发后，熔岩与泥土糅合在一起，在海水和风力长年累月的作用下，熔岩与泥土化整为零，变成绵延不绝的黑沙滩。

黑沙滩风劲浪高，是帆船爱好者的天堂。如今，每年1月或12月，黑沙滩都会举办国际风帆锦标赛。在黑沙滩不远处还有红树林、丹绒鲁海滩等，均是这一带的著名景点。

兰卡威岛是马来西亚及其他东南亚国家游人最喜欢的度假胜地之一。岛上除了巨鹰、珍南海滩、黑沙滩之外，还有许多与民间故事或神话传说相关的景点，如七仙井、鳄鱼洞等。此外，兰卡威岛还有许多神秘而壮观的岩洞、茂密的红树林，都是独具魅力的探险地。

兰卡威红树林曾抵御过海啸，为了保护红树林，并使人们不要去冒险（红树林有各种野兽、毒虫、毒蛇等），马来西亚政府不允许游客擅自进入红树林。

❖ 兰卡威红树林

日出海滩和日落海滩

最　美　的　观　日　地

日出海滩和日落海滩位于泰国的丽贝岛，这里的海水颜色每天、每时、每处都会有不同，颜色从近乎透明的白到碧绿、松石绿、孔雀蓝、宝蓝、深蓝、墨蓝等，这里也因为绝美的海水而被称为"泰国的马尔代夫"。

丽贝岛位于泰国南部，面积非常小，主要由日落海滩、日出海滩、芭堤雅海滩和一条步行街构成，它是泰国如今少有的、还没有被大力开发的旅游岛屿。丽贝岛原始、美丽、安静、古朴，沙滩细软白净，海水清澈透明，海洋生物多姿多彩，拥有全球 25% 的热带鱼种，是一个浮潜的理想之地。

丽贝岛海域的珊瑚保护得很好，浮潜时可以看见很多鱼，退潮时很多珊瑚都会露出海面，非常美丽。

丽贝岛的中心

丽贝岛是泰国一个较新的旅游景点，原始海洋环境保留得很完整。这里的中国游客很少，大部分在此旅游度假的都是泰国人和欧美人。

❖丽贝岛美景

丽贝岛的商业中心就在岛屿南部的芭堤雅，镇中心有一条 1000 米长的商业街，它也是全岛唯一的一条商业街——步行街，这里是整座岛上最热闹的地方，街道两旁几乎集中了全岛所有的饭店、酒吧，还有当地的特色按摩店，供疲劳的游客放松自己。沿着步行街往南一直走就是芭堤雅海滩，它是丽贝岛主要的海滩之一，海滩长达 10 千米，坡度平缓，沙白如银，海水清净，阳光灿烂，是优良的海滨浴场。

日出海滩

丽贝岛上除了芭堤雅海滩之外，还有日出海滩，它位于丽贝岛东侧，正对着太阳升起的方向。

❖ 海滩一角

❖ 像面粉一样的沙滩

❖ 丽贝岛上专为穷游族准备
的客栈

　　从芭堤雅步行到日出海滩需要十几分钟，这里是丽贝岛
最早看到太阳的地方。在日出海滩的尽头有一片很大的礁石
群，绕过礁石群就是一个避暑山庄，避暑山庄门口有一片长
尾沙滩，这里是观看日出的好地方。清晨，赶在太阳出来之
前到达海滩，吹着海风，等待红日从东方爬出海面，将阳光
洒满整个海滩，别有一番风味。

　　日出海滩的沙子细如面粉，海水清澈见底，海滩上有树
可以遮阴，海里有成群的热带鱼，是潜水、戏水的好地方。

❖ 日出海滩

❖ 日落海滩

丽贝岛上超过一半的酒店都没有热水供应，如果习惯洗热水澡，在入住前先询问一下，然后再入住。

日出海滩到了晚上就会变得十分安静，白天在这里游玩、戏水的人都会聚集到芭堤雅。

日落海滩

丽贝岛不仅有日出海滩，还有一个日落海滩，它位于丽贝岛的西北部，交通很不便利，人迹罕至，还保留着很多原始风貌，是整座岛上最僻静的一个海滩，海滩边只有两家酒店，私密性十足。日落海滩不大，是观看日落的最佳之地。

日落海滩除了海浪和风声之外，再无其他纷扰。当夕阳慢慢地没入大海，余晖将人和大海渲染成和谐的一体，融合成一幅美景图。观景的人也会随着夜幕降临而依依不舍地离开，聚向丽贝岛最繁华的芭堤雅。

日落海滩因为地处偏僻，住宿费用在全岛最便宜，因此聚集了很多背包客和泰国本地人。

亚当岛白沙滩

丛林探险与野外徒步天堂

　　亚当岛白沙滩被称为"世界五大隐秘沙滩"之一，这里原始、低调、无人居住，景色令人惊艳，是丛林探险和野外徒步的天堂。

　　亚当岛位于泰国南部，紧邻丽贝岛，两岛之间靠传统的泰国长尾船作为交通工具，岛上树木茂盛、山路曲折，有瀑布藏于其间，是丛林探险和野外徒步的天堂。岛上的白沙滩原始而柔软，是"世界五大隐秘沙滩"之一。小岛四周的海底有保存完好的珊瑚礁，浮潜地点很多，是一个不可多得的潜水胜地。

　　亚当岛比丽贝岛更原始，也更小，是一座自然环境未遭破坏的岛屿。岛上没有人居住，而且游客也很稀少，很多泰国当地人都不知道有这座岛屿的存在。

　　低调的亚当岛没有曼谷的佛教底蕴，没有清迈的文艺清新和芭堤雅的喧闹，这里只有天高云淡、水清沙白的海岛风光。

❖ 在丽贝岛观看亚当岛

沉船湾

希 腊 最 具 风 情 的 海 滩

　　沉船湾被称为希腊的蓝宝石，陡峭的悬崖、清澈蔚蓝的海水、洁白的沙滩间横着一艘锈迹斑斑的老铁船，给人以视觉上的震撼，是名噪一时的热播大剧《太阳的后裔》的主要取景地之一。

扎金索斯岛位于希腊西部，属于爱奥尼亚海，岛屿的名称取自希腊神话中达耳达诺斯的儿子扎金索斯。这里不仅是黑科林斯葡萄干的原产地，也是世界罕见的蠵龟的天堂。《太阳的后裔》中，男女主人公最终确立恋爱关系的所有情节都是在这座小岛上拍摄的。

索洛莫斯是现代希腊诗歌最重要的奠基人之一，是希腊国歌歌词的作者。在扎金索斯岛的索洛莫斯广场有一座为纪念这位伟大的诗人而建的雕像。

❖ 索洛莫斯雕像

　　沉船湾即那瓦吉奥海滩，它是希腊最具风情的海滩，位于扎金索斯岛的西北海岸，是一个裸露的小海湾，也被称为"海盗湾"。1983年，一艘走私船在运送香烟时失事于此，该地自此得名"沉船湾"。

能让人忘记天堂是什么模样的地方

　　希腊著名诗人索洛莫斯曾说，在扎金索斯岛有一个"让人忘记天堂"的地方，毫无疑问，这个地方就是指沉船湾。

　　在沉船湾高耸陡峭的石灰崖壁怀里，一艘锈迹斑驳的破船被废弃在一片纯白耀眼的沙滩上。沙滩外清澈碧蓝得像"蓝色果冻"一般的海水缓缓延伸出去，与远处的海、天空连成一片，蓝白相间，美得难以用语言形容。到访过此地的人都说，它的美真的如诗人索洛莫斯所说的那样，能让人忘记天堂是什么模样。

❖ 沉船内已经铺满了沙子

❖ 沉船湾被峭壁环抱的沙滩

沉船湾这个美得不似人间的地方，每年都会吸引成千上万的游客纷至沓来。

从沉船湾山顶狭窄的观景台俯瞰，小小的港湾一眼望尽，蓝色的海、白色的沙滩、破旧的船只，这种天衣无缝的景观搭配，给每个到访的游客都带来极大的视觉震撼。

在《太阳的后裔》里，柳时镇曾划船载着姜暮烟来到此地，女主角立刻被这个美丽的地方吸引，柳时镇随即用沙滩上的白色鹅卵石与姜暮烟定情，所以沉船湾也被网友戏称为最佳"撩妹"圣地。

沉船湾曾是英国人和北欧人躲避寒流的"后花园"。

在历史上，马其顿人、罗马人、奥斯曼人、威尼斯人、法国人、英国人曾分别占据扎金索斯岛，因此，这里也成为多种文化的汇集地。

沉船湾当然得有一艘沉船才能以示正宗。不过这艘船并不是沉船。

1981年的某天，希腊当局接到线报，在扎金索斯海域有一艘走私违禁品的船只，于是警匪之间开始了一场追逐。因为暴风雨天气造成能见度不高，这艘船冲上这片海滩后搁浅。事后，船被遗弃在了这片白色沙滩上，因几十年来风吹雨打而锈迹斑驳，以至于后来不知情的人们还以为这是一艘承载着什么传奇故事的海盗船呢。

❖ 沉船湾的破船

❖ 沉船船身上的涂鸦

船身上已经被大量的涂鸦占据，看起来别具风味，这有点像国内景点中涂鸦的"到此一游"的感觉。

❖ 沉船湾附近的蓝洞

别有洞天的希腊蓝洞

沉船湾作为希腊的象征之一，常出现在明信片上，而与它一起出现的还有一个巨大的蓝色洞穴——扎金索斯岛的"蓝洞"。

从沉船湾海滩坐船行驶几分钟，就能看到由一个个错落有致的小岩洞组成的一座巍峨的拱门，这里就是扎金索斯岛的"蓝洞"。

扎金索斯岛的"蓝洞"的环境原始且荒僻，到访的游客没有其他地方的蓝洞那么多，它与其他地方的蓝洞在形成方式上异曲同工，都是由于风蚀而形成的类似于盆地的"石窟"。当阳光射入"石窟"内的水面上，蔚蓝的海水反射出晶莹剔透的光芒，看上去纯净得有些不真实，使人心神随之荡漾。

希腊最美之地

在希腊人心中，爱琴海最美丽壮观的风光和希腊最原始的风土人情都隐藏在扎金索斯岛上，而扎金索斯岛最美的地方就是沉船湾。

沉船湾的美景吸引了众多来往的观光船只，难能可贵的是，这里没有被世俗污染，仍然保持着最纯净、最宁静的氛围。

❖ 从山顶俯瞰沉船湾

在沉船湾400米高的山顶的一个人工修建的小型金属护栏观景台上俯瞰沉船湾，旁边是陡直的峭壁，下面是清澈碧蓝的海水和洁白的沙滩，一艘锈迹斑斑的老铁船横在那里，让人有一种突然来到另一个世界的感觉。

天使湾海滩

天使湾海滩如同洒落在地中海的明珠，在天空的映衬下，大海的颜色被解析成浅蓝、钴蓝、宝蓝、深蓝，好像天使不小心留下了一弯泪水，清澈而让人感动，海滩上悠闲自在的游客、海岸边高低错落的房子，无不展示着特有的南法风情。

尼斯位于法国东南部地中海沿岸普罗旺斯－阿尔卑斯－蓝色海岸大区，是滨海阿尔卑斯省首府和该省最大城市，也是仅次于巴黎的法国第二大旅游胜地。天使湾海滩就在尼斯最有名的英国人林荫大道的一侧。

❖ 尼斯的标志性建筑

英国人林荫大道

尼斯和大部分欧洲城市一样，城内有城市广场和大量罗马风格的建筑。沿着尼斯老城的街道一直走到南部，便是尼斯标志性、最有名的海滨散步大道——英国人林荫大道，这是一条长达 5 千米，沿途布满鲜花和棕榈树的大道，它是 1830 年尼斯的英国侨民为疗养病人募款修建的。

❖ 天使湾

❖ 英国人林荫大道

❖ 尼斯老城建筑

英国人林荫大道一侧是鳞次栉比的艺术画廊、商店及豪华酒店，另一侧则是迷人的天使湾海滩。

天使湾海滩

天使湾三面环山，一面临海，整个海湾被完美的大圆弧线包围，弧线两端呼应，像天使的一对翅膀，伸出来拥抱着大海。

对面是新城，橘色屋顶处是老城。
❖ 尼斯老城与新城

❖ 天使湾海滩的休息平台

　　天使湾四季如春，阳光灿烂，宛如仙境一般，是世界三大海湾之一，也是法国蔚蓝海岸上最秀美的一段海岸线。它是南法的代表地标之一，也是一个世界闻名的美丽、浪漫的海湾，是欧洲人夏天度假的最佳选择。

　　天使湾海滩上并不是细腻的沙子，而是大大小小的鹅卵石，看上去特别的美，踩上去却有些扎脚，别有一番风味。

　　在天使湾海滩最佳的游玩方式就是享受阳光浴，感受渐变色的海水和白色的海浪撞击在海滩边的鹅卵石上的情景。除此之外，天使湾日落时的大海美景也千万不要错过，在夕阳照耀下，海面和海滩上洒满一片金色，十分漂亮、宁静。

❖ 城堡山介绍

城堡山是俯瞰天使湾和尼斯老城的最佳地点。
城堡山是数千年前希腊弗凯亚人选定修建商行的地方，并且因此而建造了尼斯城。这里曾是中世纪第一座城市要塞，如今的城堡山仅余几面墙，以及建于11世纪的昔日大教堂遗址和马赛克地面。

　　尼斯城大约建造于公元前350年，在10世纪的大部分时期，尼斯统治着周边城市，中世纪时期，它是热那亚的敌对方，法国和神圣罗马帝国都想征服它。13、14世纪，尼斯几度成为公爵的领地，之后的几百年，尼斯不停地更换主人，1861年，加富尔伯爵将尼斯割让给法国，尼斯成为法国的领地，直到今天。

莎拉基尼可海滩

莎拉基尼可海滩是爱琴海的最佳拍摄点之一，这是一个很独特的海滩，没有柔软的沙子，也没有悠闲的气质，而是被一片亮白色的岩石覆盖，这里是冒险者的乐园，他们可以在凹凸不平、高高低低的岩石上攀爬或者跳水，也可以乘船沿着崎岖的海岸线探索海边的大小洞穴，享受奇幻的火山岩风光。

以优美端庄而闻名的雕像《断臂的维纳斯》是古希腊雕刻家阿历山德罗斯于公元前150年左右创作的大理石雕塑。

《断臂的维纳斯》是举世闻名的古希腊后期的雕塑杰作，其两臂虽然已失去，却让人感觉到一种残缺的美，被认为是迄今所发现的希腊女性雕像中最美的一尊。

米洛斯岛是一座景色不逊色于圣托里尼的希腊海岛，曾被《时尚》杂志评为世界五大最佳旅游目的地之首，这是一座由石灰岩组成的火山岛，岛上随处可见火山岛的奇特景观，其中拥有最美火山地貌的地方便是莎拉基尼可海滩。

发现《断臂的维纳斯》的地方

米洛斯岛位于基克拉泽斯群岛的最西南端，距离雅典60多千米，是一个早期爱琴海文化中心，岛上出土了众多古物和遗迹。

❖ 米洛斯岛的白垩峭壁

❖ 米洛斯岛的标志性风景

❖ 克利马城古卫城遗址

1802 年 2 月，在米洛斯岛上的阿曼达城发现了断臂女神维纳斯的雕像，它如今成为卢浮宫继《蒙娜丽莎》《胜利女神像》之后的第三件镇宫之宝，这也更让米洛斯岛享誉全球。

之后，又在阿曼达城不远处先后发掘出克利马城古卫城遗址和阿波罗尼亚附近的菲拉科皮遗址等。菲拉科皮遗址最早建于公元前 2300—前 2000 年，公元前 2000—前 1550 年又在原址上建立了第二座城市，迈锡尼时期在原址的基础上建造了第三座城市，它代表了基克拉泽斯群岛文明的全盛时期，公元前 1100 年该城市被毁于战火。

莎拉基尼可海滩

在众多希腊海岛中，米洛斯岛以其独特的人文和历史吸引了世人的眼球，而岛上的莎拉基尼可海滩的风景，更让其成为全球十大最美丽岛屿之一。

❖ 米洛斯岛被悬崖包裹的海滩

❖ 莎拉基尼可海滩上的拱形岩石

❖ 米洛斯岛的浅水湾

这是因米洛斯岛火山喷发后天然形成的浅湾，很适合游泳，这里避风且安全。这片海域纯净无瑕，由于有天然岩石的保护，海底生物繁多，不少潜水爱好者都会来此活动。

在古代，米洛斯岛出产硫黄、明矾和黑曜岩矿，商业地位重要。

莎拉基尼可海滩非常特别，它是被一片坑洼、崎岖的乳白色岩石层覆盖，在高低错落的悬崖之间形成的众多浅水海湾。莎拉基尼可海滩中的众多小海湾中仅一个海湾有沙滩，其他大部分被岩石覆盖，人们可以在上

米洛斯岛由活火山将海岸线分割成一个个的天然港口，深度由 130 米逐渐降低到 55 米，由北面的一个约 18 千米宽的海峡将岛分成几乎相等的两部分。

米洛斯岛有很多洞穴，有天然的，也有人工开凿的采矿洞，至今还有很多洞穴未被发现，是探秘者的天堂。

❖ 米洛斯岛的洞穴

面躺着晒日光浴（有很多人在此裸晒或者裸浴），或者跳入浅水湾中游泳、潜水。

莎拉基尼可海滩的魅力，绝不同于世界上其他的任何一个海滩，它能让每个来此之人恍若身处月球之上，白色的怪异岩石在周围蓝绿色海水的衬托下显得格外美丽。因此，它一直被摄影师誉为爱琴海的最佳拍摄点之一。

活着的火山、洞穴、弧状海滩

米洛斯岛除了莎拉基尼可海滩之外，其海岸线上还有众多的坑洞，这些坑洞有些是火山口遗留的空穴，有些是经日积月累风化而成，还有一些是因采矿而被人工开凿而成的。在这些坑洞之间分布着许多大小不一的弧状海滩，使这些坑洞显得更加独特，其中最迷人的坑洞要数距离莎拉基尼可海滩不远的"Kleftiko"（Kleftiko 来自偷窃这个词的变体），这里隐藏着许多海上洞穴，传说是当年海盗藏身和藏宝藏的地方，充满了奇幻色彩。

莎拉基尼可海滩是一个原生态的景区，这里的一切都是免费的，没有门票的同时也没有餐厅、商店、更衣室和卫生间。

欣赏莎拉基尼可海滩最好在烈日之下，因为只有在烈日的照耀下，海滩上的白色奇岩怪石才更显得耀眼，拍出的照片更漂亮。

由于海边洞穴众多，所以这里以前是海盗藏船的地方，现在米洛斯岛上还有一些关于海盗的纪念品售卖。
❖ 米洛斯岛 Kleftiko 海边洞穴

杜波维卡海滩

被 薰 衣 草 包 裹 的 海 滩

赫瓦尔岛在希腊语中的意思是明亮的小屋，这里每年都会接受长达 300 天的日照，被认为是克罗地亚阳光最充足的岛屿，杜波维卡海滩是岛上最知名的海滩，对于喜爱日照的人来说，这里绝对是度假之地的不二之选。

克罗地亚的货币是库纳，不能用人民币直接在国内兑换，需要兑换成欧元或美元（建议欧元），再到当地的货币兑换商店兑换。

被称为"千岛之国"的克罗地亚有一座位于达尔马提亚海岸的离岛——赫瓦尔岛，它在意大利语中称作莱西纳，古名为"费拉斯岛"，是克罗地亚最珍贵的岛屿之一，杜波维卡海滩就位于这座岛上。

赫瓦尔岛

赫瓦尔岛长 69 千米，是克罗地亚最长的岛屿，其地处地中海气候带，每年拥有 300 天阳光明媚的时间，有利于岛上生产水果、蜂蜜、薰衣草、迷迭香、葡萄酒等。在众多特产中，最让赫瓦尔岛人骄傲的就是漫天的薰衣草。

赫瓦尔岛曾被国际媒体评为世界十大著名岛屿之一和世界十大世外桃源之一。

❖ 赫瓦尔岛海湾美景

赫瓦尔岛的海岸线上分布着许多海滩，有能享受天体浴的石滩，也有宁静自然的海滩等，在众多海滩中，最值得推荐的是位于赫瓦尔岛南部的杜波维卡海滩。

❖ 杜波维卡海滩独特的蓝

在赫瓦尔岛，常可以和一些名人偶遇，因为这里是他们喜爱的度假之地。

杜波维卡海滩风情

杜波维卡海滩离风景如画的赫瓦尔岛首府赫瓦尔镇很近，它被漫山遍野的薰衣草包围着，拥有非常清澈的海水、长久的日照和诱人的糖色沙子。

薰衣草飘香

赫瓦尔岛的历史源于罗马时代，据说当时的罗马人认为薰衣草的味道是灵魂之香，于是在岛上大量种植薰衣草，这种喜好一直延续到现在。如今，每年5—7月，在赫瓦尔镇和斯塔里格勒之间总能看到成片的紫色小花——薰衣草，它的香味会将你的嗅觉唤醒，相比于法国普罗旺斯一望无际的薰衣草田，赫瓦尔岛的薰衣草展现的是完全不同的风情。

赫瓦尔岛的常住人口为1.1万多人，有20多个居民点，主要城镇有赫瓦尔、斯塔里格勒和耶勒萨。

赫瓦尔岛是克罗地亚第四大岛，面积289平方千米，它是一座开放的岛屿，乘坐游轮到此不用签证。

❖ 杜波维卡海滩标牌

杜波维卡海滩离小镇很近，但是这里的规矩很多，路边有很多标牌，指明不许穿泳衣上街，否则罚款。

❖ 威尼斯堡垒

赫瓦尔小山顶部有一座威尼斯堡垒（建于 1551 年），
在山顶上可将城内风光一览无遗，值得一攀。

❖ 薰衣草

赫瓦尔岛是地中海最大的天然薰衣草产地，所以又
名"薰衣草岛"。每到夏季，岛上漫山遍野都是紫
色的薰衣草，香气袭人，迷醉全岛。

这里原本是一个小海湾，填平后修建了圣斯蒂芬广
场，在广场的一端是圣斯蒂芬教堂。

❖ 圣斯蒂芬教堂

❖ 圣斯蒂芬广场

在杜波维卡海滩不仅可以浮游在水面之上，还可以像鱼儿一样徜徉海底，或躺在沙滩上享受阳光，或坐在海边的酒吧一边品尝美酒，一边静静地欣赏美丽的海洋。

此外，还可以沿着杜波维卡海滩骑行或徒步，放眼望去，成片的紫色薰衣草覆盖在海岸连绵起伏的山丘之上，远处赫瓦尔镇旁边的小山顶部的威尼斯堡垒与亚得里亚海湛蓝的海水交织成一幅粗犷而野性的风景画。

杜波维卡海滩的美无处不在，它是一个能满足每一个人对美想象的地方。

赫瓦尔镇

赫瓦尔岛的首府是赫瓦尔镇，自新石器时代初期便开始有人类居住。

沿着杜波维卡海滩边的街道行走，可以很轻松地走到不远处的赫瓦尔镇，沿途有时髦的酒店、高档餐厅和水边酒吧，还有漫山遍野的薰衣草相伴。

赫瓦尔镇很小，大理石街道两边林立着众多哥特式宫殿，有像斯特杰潘大教堂和圣斯蒂芬广场这样的文艺复兴时期的建筑，也有很多时尚的小店，店内陈列着各种薰衣草制品。

如今，薰衣草已成了赫瓦尔镇乃至整座岛上居民的主要收入来源，他们将薰衣草做成各种用品以及纪念品，供游客选购。

赫瓦尔镇处处透着古老的味道，与粗犷而野性的杜波维卡海滩构成了赫瓦尔岛纯天然的自然景观。

❖ **斯塔里格勒镇的中世纪街道**

斯塔里格勒是赫瓦尔岛上一个有着迷人的中世纪风情街道的小镇，其历史可以追溯到公元前385年，当时它是希腊的殖民地，所以这里的很多地方被灰色的石头防御工事包裹。如今，这些地方已成为著名景点，如多米尼加修道院、圣尼古拉教堂和古老的大型城堡。

在山坡上的石墙上有很多如同"玛尼堆"一样的堆砌物，这或许是表达一种虔诚。

在西藏各地的山间、路口、湖边、江畔，几乎都可以看到一座座以石块和石板垒成的祭坛——玛尼堆，这些石块和石板上大都刻有六字真言、慧眼、神像造像和各种吉祥图案。不过在赫瓦尔岛上的"玛尼堆"上没有刻任何图案。

❖ **这里也有"玛尼堆"**

维克黑海滩

维克黑海滩黑得纯粹且一尘不染，这个黑色的神秘之地透着几分恐怖和神秘，是很多外星球大片的取景地。

❖ 雷尼德兰格海蚀柱

在这里的洋面上矗立着一些由黑色玄武岩柱组成的礁石，名叫雷尼德兰格海蚀柱。相传，它们本是巨怪，被阳光照耀后凝固成巨石，从此立于海上被海浪冲刷，成为维克黑沙滩上的一道网红打卡风景。

维克黑海滩位于维克镇的西南方，距离冰岛首府雷克雅未克东南 187 千米，车程约 4 小时。

全球十大最美丽的海滩之一

维克镇是一个只有 600 人的安宁和睦的小镇，小得掰掰手指都能数清楚镇里的几条街道，镇上除了山坡上的红顶教堂外，没有其他特别的风景，在小镇后方是一望无际的大海，大海边就是大名鼎鼎的黑沙滩。黑沙滩真的很黑，黑得深邃、通透，有种一尘不染的神秘感。这是维克镇、雷克雅未克，乃至冰岛最受欢迎的拍照打卡地之一，也是全球十大最美丽的海滩之一。

站在红顶教堂的山坡上，可以使教堂和维克镇以及黑沙滩上的海中礁石同框出现。
❖ 维克镇全景

黑沙滩源于海底火山爆发

❖ 黑沙滩
黑沙滩在夜色下更显神秘和恐怖。

　　黑沙滩的形成源于远古时候的一次海底火山爆发，熔岩与海底的泥层被掀翻出地面，高温的岩浆遇到冰冷的海水后迅速冷却成黑色的玄武岩，再经过海风和海浪千万年的侵蚀而形成玄武岩颗粒，最终变成了如今绵延不绝的黑沙滩。这些黑沙颗粒很纯净，黑得没有杂质，也没有淤泥尘土，捧起一把，满手乌黑，轻轻一抖，黑沙四散，手上却纤毫不染。

❖ 黑沙滩上的石墙
黑沙滩上最神奇的风景是一座玄武岩石墙，形如人为刻凿和拼接的大块岩石，呈棱柱形，排列成风琴状，耸立在海浪之中。

外星球题材大片的取景地

黑沙滩是纯黑色的沙地，有点粗糙，但近海的地方的黑沙非常细腻，色泽乌黑，晶莹透亮，白浪涌逐沙滩，黑白分明，形成强烈的反差。

当狂风卷着暴雨排山倒海般扑向黑沙滩，天地之间只剩黑白色，仿佛世界末日一般，神秘又诱人，让每个看风景的人都觉得恐怖，因此，这里成了很多外星球题材大片的取景地。

❖ **红顶教堂**
红顶教堂是维克镇的地标式建筑。

在美丽的背后，黑沙滩还暗藏凶机，每年的旅游旺季，这里都会有游客被海浪卷走，消失在一望无际的北大西洋中，因此，当地政府在黑沙滩旁竖有警示牌，提醒游客千万不要靠近海滩，以防不测。

"维克"在冰岛语中是海湾的意思，冰岛有许多地方叫作"维克"，如雷克雅末克（维克）、凯夫拉维克、格林达维克、达尔维克等。

❖《死亡搁浅》冥滩剧照——取景地即为维克镇的黑沙滩

圣托里尼红沙滩

通 往 天 堂 的 地 方

　　圣托里尼金色的阳光照耀着红沙滩，流光溢彩，这里有人间仙境般的美丽景致，被称为通往天堂的地方，是到访希腊的游客绝不会错过的地方。

　　红沙滩是圣托里尼最美丽的沙滩之一，位于希腊圣托里尼岛南端的阿克罗提尼旁，与最北端的伊亚小镇相对，是一个景致迷人、与世隔绝的美丽海滩。它是圣托里尼的知名必游景点之一。

红沙滩这个名字的由来有两种说法：一是这里的火山岩富含磁铁矿，经过漫长岁月的氧化和风化后呈红色；二是这里的海岸边有很多小颗粒的红色石头，远远望去，一片红色。

仿佛置身于外星球

　　红沙滩呈狭长形，藏匿于悬崖下方的海湾之中，游客需要坐船或步行才能到达。

❖ 远观红沙滩

❖ 红沙滩和小石子

❖ 依红色的火山岩而建的美丽建筑

红沙滩有大片大片的红色裸岩，躺在沙滩上的沙滩椅上，望着浩瀚的大海，迷人的红色海滩在阳光的照耀下显得更加神奇和耀眼。

❖ 红色裸岩旁的小型白色教堂

红沙滩的红色来自其背后的红色悬崖，红色悬崖属于火山岩，里面富含磁铁矿，经过漫长岁月的氧化和风化后，呈现迷人的红色，与碧海蓝天形成强烈的对比。红沙滩不大，沙子比较粗，非常硌脚，并且越靠近悬崖边越粗糙，越靠近海边则相对细小。

白沙滩比较常见，很多地方都有，但是红沙滩据说仅在夏威夷的茂宜岛、希腊的圣托里尼岛等地可以觅得踪迹，相当罕见。

❖ 通往红沙滩的指示牌

红沙滩平缓地伸向海中，这里的海水非常清澈、透亮、干净，在阳光下闪耀着让人炫目的光，再加上独特的红色沙子，将海水衬托得格外诱人，让人仿佛置身于外星球。

旅游度假天堂

红沙滩周围都是悬崖，是一个非常私密的海滩，曾经是一个天体浴场。如今，这里虽然依旧偏僻，但是独特的红色已经使它不再是个宁静的海滩了，尤其是旅游旺季，沙滩上的人就更多了，有游泳的、坐船的、享受日光浴的，以及在遮阳伞下休息的等，这里俨然成了一个旅游度假天堂。

❖ 红沙滩

红沙滩背后的红色悬崖是由于火山爆发所形成的，地处偏僻，周围荒无人烟，陡峭的红色火山熔岩断层很危险，游玩时要格外小心！

卡马利黑沙滩

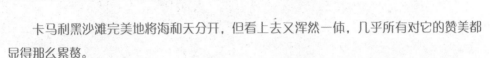

卡马利黑沙滩完美地将海和天分开，但看上去又浑然一体，几乎所有对它的赞美都显得那么累赘。

❖ 卡马利黑沙滩

卡马利黑沙滩是一个长方形的黑色沙滩，位于希腊圣托里尼岛东部的卡马利小镇，这里曾经是罗马帝国的海军要塞，如今却成了在圣托里尼岛享受爱琴海风情最主要、最热门的去处之一。

❖ 黑色鹅卵石沙滩

特色是"黑"

　　卡马利黑沙滩，顾名思义，其特色是"黑"。圣托里尼岛的火山喷发后，比较重的熔浆冷却后形成的黑色火山石，经长期的海水打磨和风化，形成无数大小不一的黑色鹅卵石，偶尔也有些白色和红色的石头掺杂其中。因此，卡马利黑沙滩上的沙子并非那种细沙，而是小鹅卵石。当光着脚丫行走在黑色鹅卵石沙滩上，会有一种做脚底按摩般的舒服感，在太阳曝晒后踩在沙滩上，更给人一种"痛并快乐着"的奇妙之感。

❖ 掺杂着黑色和白色的鹅卵石

❖ 卡马利黑沙滩

鹅卵石和海水有特色功效

卡马利黑沙滩不仅是黑色的，看起来连海水也是黑色的，但是却黑得那么清澈、干净，海水更是沁人心扉。据说，卡马利黑沙滩的鹅卵石和海水不仅有美容作用，还有缓解关节炎、治疗风湿、皮肤病等效果。因此，在卡马利黑沙滩上，可以拿几块鹅卵石放在膝盖或者其他关节部位，躺在沙滩上晒日光浴，或者干脆将身体浸泡在海水中，享受一次纯大自然的"Spa"。

❖ 海滩上的太阳伞

❖ 卡马利黑沙滩上的一处跳水悬崖

拥有爱琴海所有的风情

卡马利黑沙滩拥有爱琴海所有的风情，这里的海水清澈，平整的沙滩黝黑油亮，非常适合游泳。在狭长的海滩上竖着密密麻麻的太阳伞，供人休息时使用。很多人更喜欢戴护目镜，在烈日下直接趴着或者躺在黑色鹅卵石上，一动不动地享受烈日的烘烤。

随着太阳西移，日近黄昏，海滩上的人会越来越少，海滩也会变得安静起来。大部分人会去海滩边的酒吧或饭店享受圣托里尼式的夜生活。还有些人会一直躺在沙滩上，静待日落，细数满天星辰，期待流星的出现。

浪漫的不夜城

卡马利黑沙滩方圆 500 米聚集了几十家旅馆，从最高档的五星级酒店到实惠的民宿都有，还有商场、餐厅、咖啡吧、酒吧、纪念品店、运动用品店等。

日落后的卡马利黑沙滩变得热闹非凡，成了游客享受夜生活的天堂，路边的餐馆不停地散发出诱人的烤鱼味，酒吧则响起劲爆的音乐声，仿佛让人置身于一座浪漫的不夜城。和"贫瘠"的圣托里尼红沙滩比起来，这里呈现一片繁荣景象。

卡马利曾经是一个以农业和捕鱼为主要经济收入的小镇。20 世纪中期的一场大地震，差点完全毁掉了卡马利及圣托里尼岛，由此也改变了这座美丽的岛屿上人们的生活方式，使之成为以旅游业为主的岛。

圣托里尼岛曾是 3500 年前火山爆发最活跃的板块之一。

圣托里尼岛上的黑沙滩有很多处，比较有名的黑沙滩有卡马利和佩里萨两处。

阿尔加维海滩

阿尔加维海滩仿佛是一个未经开发的秘境，海岸线上有众多高耸的巨石和奇形怪状的悬崖峭壁与洞穴，这里的一切都如同外星世界一样奇幻。

❖ 阿尔加维海滩边上的建筑

阿尔加维海滩位于葡萄牙的东南部，是世界上最美丽的海滩之一，它独特的海岸地貌、旖旎的海洋风光与色彩艳丽的滨海建筑相互映衬，美得令人目不暇接。

适合退休后居住的地方

阿尔加维海滩靠近地中海出海口，属于亚热带海洋气候，风景宜人，是一个无与伦比的度假天堂，是特别适合退休后居住的地方。

阿尔加维一年有 300 多天的充沛日照，这里绿树葱葱，蔓延的绿色和遍地种植的无花果、橄榄树以及杏仁树，加上白色的

❖ 阿尔加维海岸线上有众多的海湾

沙滩、海岸上的石灰岩洞穴、潟湖以及悠闲而宁静的小渔村、海港，组成了一幅美丽绝伦的风景画，使之成为一个世界著名的旅游度假胜地。

独特的阿尔加维

阿尔加维绵延数十千米的海岸线上分布着众多类型的海滩，它们被统称为阿尔加维海滩，它们中有的天然隐秘，有的游人稀少，有的非常热闹，有的视野开阔等。

阿尔加维海岸线在长期的海水侵蚀和风力作用下，每天都会发生微妙的变化，日积月累后形成了独特的海岸地貌，如悬崖海岸、海蚀洞、拱门和岩柱等自然奇观，它们分布在阿尔加维海滩上，让每个有幸看到这些海滩的人都不禁惊叹大自然的创造力。

❖ 海军海滩上的小拱桥岩

这是大家最喜欢的拍摄角度，海中的两个石拱门和悬崖轮廓组成一个完美的心形。

悬崖上方的礁石经过大海和风沙的侵蚀，形成了一个个洞穴，悬崖顶端如今有木栈道可供游客步行参观，也可进入洞穴或在礁石上方参观。

❖ 阿尔加维海岸线上的悬崖

❖ 海军海滩

这是明信片和杂志封面上最常见的海军海滩景色。

❖ 贝纳吉尔岩洞

❖ 海军海滩上的石柱

阿尔加维的每个海滩都拥有洁白柔软的细沙、全年充足的阳光，引人入胜。在阿尔加维所有的海滩中，最独特的要数海军海滩、洞穴海滩和拱门海滩。

海军海滩，悬崖兀立

海军海滩海岸线上的岩石呈锯齿状，配以洁白的沙滩和环绕海滩的礁湖，看上去非常壮观和美丽，这里也是阿尔加维被各类封面、宣传册选用最多的海滩风景。

海军海滩既有长长的、依偎在金色峭壁之间的绝美沙滩，也有蜗居在岩石之中的小小海湾，再加上碧空万里、悬崖兀立，蔚为壮观。

洞穴海滩，与世隔绝的独立空间

洞穴海滩又名贝纳吉尔海滩，从海军海滩驱车大约半小时就可以到达，海滩的背面有一个被评为"全世界50大奇观"之一的自然形成的海蚀洞穴——贝纳吉尔岩洞。

❖ 洞穴海滩的断崖
去往贝纳吉尔岩洞，需要乘船绕过这座断崖。

　　从洞穴海滩通过水路，绕过海边的断崖才能到达贝纳吉尔岩洞，这是一个与世隔绝的独立空间，洞顶有个圆形大洞，当阳光射进洞穴时，映衬着金色的沙滩、蔚蓝的海水，构成了一处美得令人窒息的奇观。

拱门海滩，妙不可言

　　沿着洞穴海滩的海岸线继续前行，就可来到拱门海滩，这里的海岸线更加凹凸有形。海水侵蚀着壁岩，处处有惊心动魄的洞穴和断崖，断崖下是多个被崖体包围的绵软的沙滩，这里虽然不及洞穴海滩和海军海滩有名，但是海中的拱门形断崖的景色丝毫不逊色，而且海岸上的奇岩、断崖和洞穴都美得妙不可言。

❖ 断崖包围的拱门海滩
拱门海滩的海岸线上有许多小的洞穴，景色甚是壮美。

❖ 阿尔加维隐秘的小海湾

阿尔加维海滩是未经污染的大自然一角，风景如画，在清冽的海水之中游泳或者看看海上日出，这一切都让人有远离尘世喧嚣、尽享宁静静谧的时光的舒畅感。

❖ 妙不可言的拱门

尖角海滩

世 界 上 最 善 变 的 海 滩

尖角海滩是善变的，也是独一无二的，它是一处无法被替代的风景，让每个来过这里的人都感叹："若世上真有天堂，就应该是这个样子。"

尖角海滩位于克罗地亚布拉奇岛的波尔附近，坐落在距斯普利特 15 千米的亚得里亚海上。

布拉奇岛呈心形，东西长 40 千米，宽 7~14 千米，面积 396 平方千米，它除了拥有碧海、蓝天、黄沙、白浪之外，还拥有"世界上最善变的海滩"之名。它的一端长达 530 米的绵延尖角延伸至海洋，会随着风向的改变而改变，长年累月地经受着海浪的侵蚀，最后消失在温暖、清澈的亚得里亚海中。

布拉奇岛的年降雨量少，海水能见度高，是潜水人士之家。

尖角海滩会随着风向、潮汐的改变而改变大小和形状，因此，这里被称为"世界上最怪异的 20 大旅游地"之一。

❖ 航拍尖角海滩

❖ 尖角海滩

尖角海滩很独特，整个海滩呈三角形，它是由于潮汐和风向而形成的以白色鹅卵石为主的海滩。

❖ 尖角海滩周边村庄的石头房

不仅在尖角海滩周边，布拉奇岛上每一个小村庄都有古老的教堂，村庄内的建筑物和房子大部分是有几百年历史的石头房子。

　　尖角海滩不远处零散分布着很多小村庄和小镇，当地居民非常淳朴友好，享受完尖角海滩的美景之后，可以漫步于村落，感受当地的人文环境，品尝美食，如顶级橄榄油、羊肉、羊奶酪等；也可以坐上筏子，沿着海岸参观岛周围的酿酒厂；或者乘船出海去垂钓、冲浪。

被全世界拿来建造皇宫的白色石头

　　布拉奇岛除了海滩外，还有一样被全世界贵族看重的"宝贝"，那就是白色大理石。自罗马时代以来，布拉奇岛的白色大理石就被运往世界各国建造宫殿，如斯普利特的戴克里先宫、布达佩斯的国会大厦和华盛顿的白宫等。

　　为了让白色大理石更加精致，早在2000多年前，布拉奇岛上就建有石匠学校，培养专门打磨、切割、雕琢白色大理石的匠人，为世界各国的皇宫服务。

巴洛斯海滩

　　巴洛斯海滩不仅拥有粉红色海滩的所有魅力，还拥有层次分明的蓝色潟湖，它可以说是地中海最美的沙滩之一。

　　巴洛斯海滩是一个位于克里特岛西北角的潟湖浅滩，海滩的沙子与粉红色海滩一样，都是粉色的。这是一个远离城市的脱俗之地，想要一睹其芳容绝非易事，目前仅有两条路可到达。

　　一条路线是从干尼亚坐车到基萨莫斯，然后坐船大约半小时就能看到巴洛斯潟湖，潟湖围绕着两座海边岩石山，两座山之间有一片美如仙境的粉色海滩相连，这就是巴洛斯海滩。这条路线最省时，也最省力。

　　另一条路线是从干尼亚自驾，沿着 8 千米长的崎岖、蜿蜒的碎石路，到达卡利维亚尼（Kalyviani）小村庄不远处的

位于山顶的停车点是观看巴洛斯海滩和潟湖的最佳地点。

❖ 巴洛斯海滩

❖ 巴洛斯潟湖

山路崎岖，非常凶险，这是一位坠崖者的墓碑。

❖ 巴洛斯海滩停车点不远处的墓碑

山顶，这里便是巴洛斯海滩的停车点，停车点边有一条小路直接通往海边的悬崖，站在悬崖边可以欣赏到远处山脚下的潟湖，这里的景色赏心悦目，非常漂亮。从山顶停车点，还需要徒步1.5千米左右的下山路（返程时便是上山徒步，很辛苦），才能到达巴洛斯海滩，海滩边有零星的商店，有可以租赁的沙滩椅、遮阳伞等。

巴洛斯海滩虽然远离城市，但并非清静之地，其层次分明的蓝色潟湖和缓缓伸向潟湖的粉色沙滩，宛如一个天然泳池，因此，每天都有大量的游客不辞辛劳地来此游玩。

❖ 崎岖的山路

斯塔尼瓦海滩

宫崎骏动漫中的秘境

宫崎骏的动漫作品几十年来温暖了无数人，治愈过许多孤独的心灵，而他最厉害的地方就是能让人们深信童话的同时，还能在剧情中找到现实的缩影，如漫画《红猪》中的秘境就存在于斯塔尼瓦海湾之中。

维斯岛有蓝天、碧海、绿树、白沙，是欧洲人眼中最美的海岛，它不仅打动了欧洲人，还是宫崎骏动漫中的秘境。他把维斯岛的海滩和蓝洞画入了漫画场景中，其中最直接的证据就是斯塔尼瓦海滩，它几乎和《红猪》中的一些场景一模一样。

❖ 维斯岛蓝洞

在斯塔尼瓦海湾不远处还有一个蓝洞，通过非常小的洞口进入蓝洞，整个蓝洞内部没有阳光，只有从洞穴底部海水中折射进来的幽蓝光线，把整个洞穴染成蓝色，漂亮极了！

斯塔尼瓦海滩

❖ 俯瞰斯塔尼瓦海湾

斯塔尼瓦海滩被山崖环抱，只有一个四五米的缺口朝向大海，因此也被称为斯塔尼瓦海湾。斯塔尼瓦海滩是一个极度完美的私密地，能让每个来此的人都有一种踏实感和对美好桃源生活的向往。

❖ 斯塔尼瓦海滩与宫崎骏漫画《红猪》中的场景

斯塔尼瓦海滩是情侣们最喜欢的秘境，在此可以任性地躺在细软的沙滩上，享受海风和阳光的抚慰，也可以潜入大海感受大海的澎湃。

宫崎骏在《红猪》中描述的是主角经历的辛酸和残酷，但是现实中的斯塔尼瓦海滩却能让每个人在幽谧的环境中感受到最真实、最打动人心的美。

❖ 要塞中对准海洋的大炮

维斯岛曾经是一座神秘的岛屿，当年是南斯拉夫的军事禁区。1989 年以前，禁止外国游客进入。现如今的游船环岛游，可以看到各种明碉暗堡、潜艇基地、很多军事遗迹、战争废墟和遗骸等。

❖ 维斯岛美景

❖斯塔尼瓦海滩

被绿色包裹的岛

维斯岛是一座淳朴的小岛，曾经被作为军事基地使用，禁止普通人登岛，因而充满了神秘的氛围。

维斯岛是克罗地亚沿海一座比较贫瘠的岛屿，但是岛民们的日子过得悠闲惬意。岛上居住了4000多人，居民以老人和小孩居多，放眼看去，整座岛屿都被绿色包裹，旅行作家詹姆斯·霍普金就曾在他的作品中描述："整个维斯岛犹如一座丰富的天然动植物园。"在绿植间偶有用淡褐色的石头建造的房子，它们与以白色为主的希腊群岛上的建筑风格截然不同，少了几分造作，多了一种深沉而实在的生活气息，这是自然与淳朴的完美结合。

维斯岛淳朴的美使电影《妈妈咪呀！2》选择了在此拍摄。

❖《妈妈咪呀！2》剧照

大教堂海滩

来自"上帝之手"的杰作

大教堂海滩上的巨大岩石被日复一日的海浪拍打侵蚀，形成了数个类似哥特式教堂尖拱的天然石窟，蔚为壮观。

❖ 哥特式教堂式的石拱

在西班牙北部的卢戈省海岸，毗邻海滨小镇里瓦德奥的地方有一个充满艺术气息的海滩——卡特德莱斯海滩，它还有一个更响亮的名字——大教堂海滩。

由高度超过 32 米的悬崖组成

大教堂海滩位于一条由高度超过 32 米高的悬崖组成的海岸线上，这个海滩是大西洋几百万年来对岩石蚀刻的艺术杰作的展厅。这里

在哥特式建筑中大量采用了这样的尖拱造型。

❖ 哥特式教堂的尖拱

❖ 渐露水面的石拱

的海岸线上的岩石是很典型的页岩，样貌奇特，而且数量惊人，其间拥有众多神秘的洞穴。大教堂海滩是西班牙唯一拥有如此集中岩石群的海滩，被认证为蓝旗标准（西班牙海滩质量评级，蓝旗为最佳），也是排名世界第六位、欧洲第二位的海滩。

并不是 24 小时都能看到

大教堂海滩不仅造型奇特，而且并不是 24 小时都能看到。由于独特的地理位置，当地的潮汐水位有 6~8 米的落差，

在海滩岸边的巨岩顶部，靠海的位置用栏杆围成了一个观景台，供游客在此休息并等待退潮，在这里还能欣赏到海滩全貌和涨、落潮的过程。

❖ 海滩上隐藏着的石洞

❖ 大教堂海滩观景台

❖ 海滩上的巨石

整个大教堂海滩巨石林立，在巨石与巨石之间又形成了许多小海滩和海湾。

在涨潮时，潮水会慢慢地将这些"大教堂"吞没，所以想要参观"大教堂"，最好是在退潮时，正是这种来之不易的奇景，让很多人不惜在这里花费一天的时间，只为等神奇的"大教堂"完全显现在水中。

观赏大教堂海滩时，可以先选择站在岸边的高处，由西向东观看，随着潮水渐退，慢慢地露出岩石，等完全退潮后，岩洞和石拱则完全露出来，这时就可以走下峭壁，踏上软绵绵的沙滩，然后进入"大教堂"。

❖《蓝色大海的传说》剧照

大教堂海滩是《蓝色大海的传说》的取景地之一。

❖ 网红打卡地——大门洞
弓状的岩石鬼斧神工，和大教
堂的飞檐设计很像。

网红之地"大门洞"

大教堂海滩上有许多形态各异的岩洞和拱门，在阳光照射之下更显雄伟，而且随着太阳的位置不同，"大教堂"反射出的颜色也会不同，并且斑斓多彩。

在众多的岩洞和拱门中，有一处巨型的石拱门走廊，它是大教堂海滩上最具代表性的地方——"大门洞"，这也是一个著名的网红打卡点。

进入"大门洞"，里面会有一些低洼的坑，坑里残留着没有退去的海水，有些很深，可以游泳，水温会比大海里高不少；也可以躺在"大门洞"中的沙滩上，仰望天空；或者通过"大门洞"前往更多奇形怪状的洞穴一探究竟。

大教堂海滩在日复一日的潮起潮落中显得雄伟壮阔，这一切仿佛出自"上帝之手"，使美丽而奇特的它成为久负盛名的休闲度假之地，给避暑的人带来无限乐趣。

里肯海滩

北 大 西 洋 座 头 鲸 的 乐 园

里肯海滩是萨马纳湾内的一处热带天堂和最佳观鲸地，它拥有玻璃般晶莹透亮的海水，无尽延伸的湛蓝天空，还有慵懒惬意的阳光，即使在冬季，依然可以尽享如春暖意。

萨马纳湾是古代西班牙商船的沉船之地，许多国外打捞业者和研究人员在此地寻找沉船宝藏，截至2022年，该地仍有多艘沉船等待打捞。

萨马纳湾位于多米尼加共和国的东北角，是由萨马纳半岛环抱而成的一个海湾，其东西长约65千米、南北宽25千米，海湾内分布着众多原始小海滩，其中里肯海滩最有名气。

"世界十佳海滩"之一

萨马纳小镇坐落在萨马纳湾畔，这里是欧洲和非洲文化交融的地方，小镇上有法国殖民者、非裔美国人和现代欧洲移民留下的文化、风俗和建筑，使小镇给人一种国际大都会的感觉，教堂、海港、商贸城、博物馆一应俱全。小镇外有一条海洋大道可直达萨马纳湾内有名的里肯海滩。

萨马纳湾内有众多小海滩，除了里肯海滩之外，弗朗顿海滩也比较出名：沙滩洁白干净，沙滩边有一座90米高、陡峭而垂直的山墙立于碧水之上，这里既可攀岩，也可潜水。

❖ 弗朗顿海滩

❖ 泰诺人博物馆内的泰诺人雕塑

在萨马纳小镇上有一座泰诺人博物馆，介绍泰诺印第安人的故事，以及他们与西班牙征服者的首次会面。泰诺人隶属阿拉瓦克人，是加勒比地区的主要原住民之一。在15世纪后期欧洲人到达之前，他们是古巴、牙买加、伊斯帕尼奥拉岛（现在的海地和多米尼加共和国）、大安的列斯群岛中的波多黎各、小安的列斯群岛北部和巴哈马等地最主要的居民，在那里他们被称为卢卡亚人，他们所说的泰诺语属于阿拉瓦克语系之一。

里肯海滩全长4.8千米，是一处尚未被开发的原始海滩，以白色的沙滩、平静的海水和温柔的波浪而闻名。海滩远处波涛汹涌，深受冲浪者的喜爱，是冒险者的天堂。因此，里肯海滩曾被《康泰纳仕旅人》杂志列为"世界十佳海滩"之一。

❖ 萨马纳小镇上的教堂

这座木质教堂建于19世纪，是由获得自由后移民萨马纳的美国黑人奴隶建造的。

❖ 里肯海滩

利凡塔多岛

从里肯海滩可划小船到达不远处的利凡塔多岛，这是一座安静而避世的小岛。小岛的海滩上有一个由木板拼成的小码头，如今已腐朽不堪，只剩下几根木桩立于水上，成为军舰鸟、白鹭、褐鹈鹕和黄喙燕鸥歇息的地方，可见这座岛已经很长时间没有人造访过了。

有旅行杂志称"萨马纳将80%的美都给了利凡塔多岛"，小岛上遍布苍绿的植被，清澈莹绿的海水中能看得清鱼儿，海滩岩石边懒散地躺着海狮等，这里俨然是海狮和水鸟们的天堂，仿若童话中的世界，煞是有趣。

❖ 利凡塔多岛

世界最佳观鲸地之一

　　萨马纳湾被誉为座头鲸的乐园，从 1980 年起，就有北大西洋座头鲸在此洄游，这里成了座头鲸最大的聚会地点之一。

　　每年的北半球冬季（1 月下旬至 3 月中旬），约有 3000 头座头鲸从北大西洋迁移至萨马纳湾海域交尾、生产并喂养小鲸。里肯海滩和萨马纳湾内的许多观鲸点一起，被世界自然基金会誉为"世界最佳观鲸地"之一，每年有超过 3 万名来自世界各地的游客到此观鲸。

　　即便不是在座头鲸的洄游季，游客们也可以参观离里肯海滩不远的萨马纳小镇的鲸博物馆，了解关于鲸的各种知识。

❖ 座头鲸

象鼻湾海滩

象鼻湾海滩是一个被群山环抱的小海滩，四周长满了郁郁葱葱的椰树和灌市丛，这里与世隔绝，沙滩洁白细腻，海水碧蓝透彻，海底珊瑚缤纷多彩，是许多人心中的度假天堂。

象鼻湾海滩位于美属维尔京群岛的圣约翰岛北侧中部正对着大西洋的象鼻湾内，被美国《国家地理》杂志评为"世界最美丽的十大海滩"之一。

神圣美好的港湾

象鼻湾不大，被群山围绕，山坡上长满了郁郁葱葱的椰树和暗绿色的灌木丛，海湾内嵌有一个500米长、细腻柔和、纯净如洗的白沙滩，而且海湾内常年风平浪静，海面波光粼粼，海水清澈透底，这一切将整个海湾衬托得格外宁静、和谐、美好、纯净、浪漫，因而成为许多著名明星举行婚礼、拍摄婚纱照的神圣美好的港湾。

潜水天堂

象鼻湾海滩不像巴厘岛和马尔代夫的海滩那么拥挤，这是一个尚未开发的处女地，不仅是情人们宣誓共度余生

❖**象鼻湾海滩**
象鼻湾是维尔京群岛众多海滩中唯一收费的海滩，儿童免费。

❖**象鼻湾海滩的美景**

的神圣美好的港湾，还是一个绝美的潜水胜地。

　　沿着象鼻湾海滩绵软的沙滩徒步，不一会儿就能将整个海滩走完，在这个不大的海滩一隅，有一条浮潜步道，这里是潜水者的乐园，潜水者只需沿着步道浮潜，就可以很清楚地看到海底的珊瑚，而且沿途的珊瑚边还有 15 个铭牌，上面标明了珊瑚的品种，以及生活于此的各种热带鱼、海龟和水生植物的介绍。

　　象鼻湾海滩的景色美不胜收，纯白色的沙滩同蔚蓝色的大海融合在一起，无论是在清幽风景中跋涉，还是在平静如镜的蓝色调海中与鱼群同游，都能让人很轻松地感受到窒息的美景，这里曾多次被评为世界上最漂亮和最好的海湾，也是最常被拍摄的加勒比海海滩之一。

❖ 与邮票同款的象鼻湾海滩美景

圣约翰岛共有居民 3500 人，其中绝大多数居住在克鲁兹湾旁的小村中，生活节奏缓慢、安逸。除岛民外，还有 350 头左右的野驴在这里寻到了一方清净之地。

在象鼻湾举办婚礼，现场除了牧师的声音外，还有节奏轻柔的海浪声以及海鸟的鸣唱，比起繁华都市里的奢华婚礼，象鼻湾的婚礼更加宁静、浪漫，更有回归自然的感觉！

❖ 海底美丽的珊瑚

圣塔莫尼卡海滩

洛 杉 矶 最 有 名 的 海 滩

圣塔莫尼卡海滩标志性的摩天轮和老码头不仅吸引了众多游客，也吸引了众多好莱坞电影导演，是大量电影及偶像剧的重要取景地。

❖ 老码头入口处

圣塔莫尼卡海滩位于美国洛杉矶以西的圣塔莫尼卡市区的太平洋沿岸，海滩长5千米，交通便利，是洛杉矶地区最有名、最吸引游客的海滩之一。

圣塔莫尼卡的象征：老码头

圣塔莫尼卡海滩最大的特点就是蓝天白云、碧海银滩、环境宜人、空气清新，非常适合晒阳光浴和下海游泳、冲浪。

圣塔莫尼卡海滩上最有名的景点就是一个高高架设在海面之上的码头，这是一个古老的码头，建于1908年，是圣塔莫尼卡海滩的象征。老码头旁边是太平洋游乐园，有很多美国的电影和电视剧都曾在这里进行拍摄，如《泰坦尼克号》中杰克要带露丝坐的摩天轮，就在游乐园醒目的位置耸立着。

❖ 圣塔莫尼卡海滩

❖ 太平洋游乐园

　　另外，太平洋游乐园和老码头旁边设有野餐区、餐厅、咖啡店等，其中还有以《阿甘正传》为主题的阿甘虾餐厅。周边还有健身设施、自行车道和木栈道等，是当地人休闲的好去处。

66 号公路的尽头

　　66 号公路是美国文化的代表之一，不仅因为它曾是贯穿美国东西部的交通大动脉，还因为它承载了无数人的美国梦，

这个摩天轮也是韩剧《继承者们》的外景拍摄地之一。
❖ 电影《泰坦尼克号》里的摩天轮

❖ 圣塔莫尼卡海滩随处可看到 66 号公路的介绍和标志

❖ 美国 66 号公路

66 号公路被美国人亲切地称作"母亲之路"。呈对角线的 66 号公路，从伊利诺伊州的芝加哥一路横穿到加利福尼亚州洛杉矶的圣塔莫尼卡海滩。

在美国人开拓西部的历史上起到了至关重要的作用，而 66 号公路的尽头就是圣塔莫尼卡海滩，这里也是美国西端的尽头。

66 号公路的交通功能早已经被洲际高速公路取代，但是它依旧是美国不可取代的文化符号，如今在圣塔莫尼卡海滩随处可看到 66 号公路的介绍和标志，吸引着世界各地的人们前来探寻历史。

圣塔莫尼卡海滩因 66 号公路、老码头赋予的传奇色彩，从洛杉矶众多海滩中脱颖而出。海滩周围花草丛生，白鸽遍地，一派和谐景象，无论是在海滩或老码头上慢慢散步、骑行，还是玩耍，都能享受到悠闲又富有诗意的生活。

❖ 美国 66 号公路终点牌

美国 66 号公路终点牌是圣塔莫尼卡海滩比较热门的网红打卡点，经常会看到很多人在此排队，等待拍照。

马霍海滩

马霍海滩虽然在圣马丁岛的几十个沙滩中最不起眼，但它却因飞机从头顶飞过、尽显惊险刺激而独具吸引力，成为网红打卡之地。

圣马丁岛位于加勒比海小安的列斯群岛北部，是一座以山地丘陵为主的海岛，也是世界上最小的分属两国的岛屿，它分属于法国与荷兰。圣马丁岛虽是一座弹丸小岛，却拥有众多海滩，马霍海滩就是其中的一个海滩，它不是最美的，却是一个惊险与刺激交织的海滩。

哥伦布在 1493 年第二次横渡大西洋时发现了圣马丁岛，此后，法国、荷兰相继在岛上建立了据点，并且多次发生战争，想将对方驱逐，均未能奏效，于是，1648 年，两国签署了分治圣马丁岛的协议。

❖ 两国分界线上的界碑

在圣马丁岛边界上有一个纪念和平分治 300 周年的纪念碑，四周飘扬着四面旗帜，分别是荷兰国旗、法国国旗、荷属安的列斯旗和圣马丁联合管理旗。

如今，在圣马丁岛的荷兰和法国边界，没有任何守卫，任何人穿越都不需要手续，这是世界上绝无仅有的，因此旅行中在两国间切换毫无感觉。

圣马丁岛东端的牡蛎塘，法、荷两国分界是从这里开始的。

❖ 牡蛎塘

❖ 马霍海滩

❖ 东方沙滩的天体海滩部分

与马霍海滩只隔一道铁丝网的朱丽安娜公主国际机场。
❖ 朱丽安娜公主国际机场

震撼人心的马霍海滩

　　圣马丁岛上的海滩分别属于法国和荷兰，荷属的海滩虽不如法属的多，但也有很多出名的海滩，其中名气最大的就是马霍海滩。

　　马霍海滩的面积不大，它因为位于圣马丁岛（荷属）的朱丽安娜公主国际机场跑道下方而出名，每当朱丽安娜公主国际机场上的飞机起飞或降落时，飞机会从马霍海滩上方掠过，飞机的气流震撼人心，因而吸引了大量来此与飞机近距离拍照的游客，甚至不少人到圣马丁岛就是专门来马霍海滩体验飞机探头而过的惊险与刺激的，因此，马霍海滩成了人们观奇和休闲的热门海滩，而旁边比它大几倍的辛普森湾海滩反倒变得游人稀少。

世界上最危险的机场

　　朱丽安娜公主国际机场不仅使马霍海滩出名，自己也绝非等闲之辈。虽然圣马

❖ 东方沙滩

丁岛上还有一座（法属）埃斯佩兰斯机场，但是，朱丽安娜公主国际机场是岛上唯一的国际机场，也是加勒比海东部第二大繁忙的机场。

朱丽安娜公主国际机场拥有非常惊险的跑道，仅有 2301 米长的跑道与机场下方的马霍海滩只有一道铁丝网相隔，而且离海滩的高度只有 10~20 米。每次飞机起飞或者降落都让人心惊胆战，无比刺激，所以它被称作"世界上最危险的机场"之一。

东方沙滩

圣马丁岛上最惊险刺激的海滩是马霍海滩（荷属），而最长的海滩是东方沙滩（法属），这里的海水清澈透明，水色层次分明，沙滩被自然地分割成两段：一段是细白的沙滩，一段是裹着海草的岩石海床。整个沙滩又被人为地分割成公共海滩和天体海滩两部分。东方沙滩是一个不可多得的复合式海滩，是游泳、冲浪、划船、钓鱼、潜水等休闲活动的天堂，并博得了加勒比海最佳裸体沙滩的美誉。

在公共海滩这边有酒吧、咖啡厅等，而天体海滩部分就相对安静很多。

❖ 东方沙滩的公共海滩部分

粉色沙滩

加 勒 比 海 的 迷 人 风 情

　　粉色沙滩位于被誉为"北美的后花园"的安提瓜和巴布达绵长蜿蜒的海岸线上，这是一个北美富人首选的旅游胜地，也是被英国的戴安娜王妃、好莱坞巨星施瓦辛格等喜爱的地方。

安提瓜和巴布达划分为 6 个区，分别是圣约翰、圣彼得、圣乔治、圣菲利普、圣玛丽、圣保罗。圣约翰是安提瓜和巴布达的首都及最大的城市和政治、经济、文化中心。全国半数以上的人生活在圣约翰，港口旁边的免税购物中心即是这个城市的中心。

　　粉色海滩位于加勒比海小安的列斯群岛的北部，即全球最小的国家之一——安提瓜和巴布达的西岸。

安提瓜岛

　　安提瓜和巴布达是一个国家，其国土由安提瓜（石灰岩岛屿）、巴布达（珊瑚岛）和无人居住的雷东达岛组成，国土总面积 442.6 平方千米，仅有 7.2 万人。如今，巴布达因曾遭遇了几十年不遇的飓风而导致整座岛被摧毁，几乎所有人都搬到主岛安提瓜去生活了。全体国民主要以旅游业、渔业和农业为生，主要以自给自足为主。

❖ 粉色沙滩

1493 年，哥伦布第二次航行美洲时，以西班牙塞维利亚的安提瓜教堂的名字命名了安提瓜岛。此后，该岛曾先后遭到西班牙和法国殖民者入侵，1632 年被英国占领。1981 年宣布独立，成为英联邦成员国。如今，该岛上还留有大量西班牙和英国殖民时期的建筑。

神秘的粉色沙滩

安提瓜和巴布达是一个小岛国，坐落在蓝绿清透的加勒比海中，有 365 个婀娜迷人的海滩和很多幽静的海湾。

安提瓜和巴布达最美的风景是位于西部海岸线上的粉色沙滩，粉色沙滩上覆盖着粉色细沙，它们是由粉色贝壳、螺类碎屑经过常年的风化而形成的，与蓝色的海水组成了一幅犹如梦境的画作。

粉色沙滩受到欧洲和北美富豪追捧，据说英国戴安娜王妃生前最爱这个神秘的粉色沙滩，而且几乎每年都会带小王子来此度假；好莱坞动作明星施瓦辛格夫妇的婚礼也选择在这片美丽的粉色沙滩上举行。

❖ 詹姆斯堡垒上的大炮

在和英国、西班牙、葡萄牙、法国、荷兰都有过关系的安提瓜岛上，曾经有 20 多座堡垒。詹姆斯堡垒是安提瓜岛上最大的城堡，始建于 1706 年，最早的时候有 16 尊炮台，如今只剩下 10 尊了。

❖ 私密的小海湾

❖ 粉色沙滩

受人喜爱的度假之地

该堡垒位于圣约翰的雪莉山顶。1781 年，英军的托马斯大校开始在此修建堡垒，直到1854 年才完工。在堡垒瞭望台上可以欣赏到安提瓜和巴布达的美丽海岸风光，也可以远眺加勒比海。

❖ 雪莉山顶堡垒

安提瓜和巴布达是加勒比海上一颗耀眼的明珠，一年四季有无数游客从世界各地来到这里欣赏粉色沙滩。同时，粉色沙滩还诱惑着欧美富豪们竞相来此度假，并在这唯美的海岸线上置业，如阿玛尼的创始人乔治·阿玛尼、曾获得过 18 座格莱美奖的音乐家埃里克·帕特里克·克莱普顿、美国著名脱口秀女王奥普拉等，都在这个小岛国挨着加勒比海的海岸线上拥有私人别墅。另外，安提瓜和巴布达的粉色沙滩还是好莱坞一线明星罗伯特·德尼罗、"世界赌王"詹姆斯·帕克、意大利前总理贝卢斯科尼和迪拜的贵族们最爱的度假地。

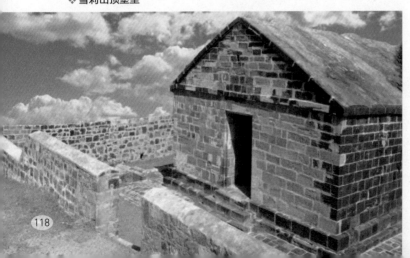

安提瓜和巴布达除了有热情洋溢的粉色沙滩之外，还有缤纷多彩的神奇海底世界、千帆停泊的海港码头、巨浪翻滚的天然岩石桥梁（魔鬼桥）、植被茂盛的热带雨林、斑驳沧桑的历史古建筑、璀璨浪漫的星河夜色、美味的朗姆酒和丰盛的海鲜等。2015 年，安提瓜和巴布达还被评选为最佳婚礼、蜜月和浪漫之旅的目的地。

特别提醒：安提瓜和巴布达对中国护照是免签的。

❖ 圣约翰大教堂

圣约翰大教堂最早建于 1683 年，曾是一座木屋礼拜堂，在火灾中毁坏后，于 1745 年重新在原址上建造了砖石结构的教堂。1843 年，该教堂在地震中又被毁坏，1845 年再次修建，也就是如今能看到的模样。

❖ 安提瓜和巴布达最著名的风景：魔鬼桥

魔鬼桥巨浪翻涌，海风呼啸，蔚为壮观，它是一座由海水冲刷而形成的天然石灰岩拱桥。传说在殖民时期，大量被贩卖至此的黑奴，因不堪忍受奴隶主的压迫而在此结束了自己的生命，所以，人们称此地为"魔鬼桥"。

七英里海滩

七英里海滩是世界上最好的海滩之一，这里不仅有繁华的沙滩景象、寂静的海底沉船、数量众多的海龟，还有神秘的"地狱之路"，是一个让人惊奇不断的海滩。

1503 年 5 月 10 日，哥伦布在第四次探险新大陆时，发现了开曼群岛。由于周围水域中有许多海龟，西班牙人将其称为龟岛；后因此地产鳄鱼（西班牙语作"caiman"），1530 年时被命名为开曼。

七英里海滩是一个新月形的珊瑚礁海滩，位于西加勒比海的英属开曼群岛首都乔治市的南面，被大开曼岛西的海湾环抱。

七英里海滩

七英里海滩以美丽著称，虽叫七英里（约为 11.2 千米），但是它的实际长度为 8.9 千米，海滩上的白沙细如粉，沙层绵如锦，海水清澈见底，是开曼群岛最著名的海滩，曾被《加勒比旅游生活杂志》称为加勒比海最好的海滩。

七英里海滩的海岸线是开曼群岛最繁华的地带，聚集着岛上大多数的高档酒店和度假村，此外，还有酒吧、礼品商店、潜水商店等，它们都面朝大海，参差排列，为游客提供各种服务。

❖ 七英里海滩

世界上唯一的商业性海龟养殖场

七英里海滩和其所在的海湾内分布着一些小礁岩，小礁岩周围聚集着各种海洋生物，其中最有名、数量最多的是海龟，这些海龟很多都来自海龟农场。

七英里海滩所在的海湾以海龟养殖闻名，这里的海龟农场是世界上唯一的商业性海龟养殖场。每年11月，他们会向七英里海滩以及开曼近海投放海龟，以补充海龟资源的不足。

除此之外，七英里海滩北端还有一艘沉船——"三趾鸥"号，是一个绝妙的潜水之地。

❖ 欢迎来到开曼群岛路牌

❖ 海龟农场

121

❖ "三趾鸥"号沉船

"三趾鸥"号沉船

三趾鸥主要栖息于海洋上,是一种将生命融入大海的海洋鸟类,而在七英里海滩北端有一艘名叫"三趾鸥"号的军舰沉船。

"三趾鸥"号总长 76.5 米长,自 1946 年开始服役,半个多世纪后,于 2011 年在七英里海滩清空内部杂物,拆除了船舱内的一些危险构件、舱门和窗户,以确保每个房间都有至少一个出口,然后被沉入七英里海滩的北部海域,成了潜水爱好者的乐园。

"三趾鸥"号因为沉入海底的年限不长,所以船上的海洋生物并不多,但是这艘高达 5 层的军舰有众多的房间,没于海水之中的宿舍、

❖ "三趾鸥"号的推进舱

食堂、医疗室、推进舱、弹药储物柜、轮舵舱、中舱以及加压舱等，都成了潜水者可以探秘的角落。"三趾鸥"号沉船也因此成了大开曼岛著名的潜点之一，也是全球最好的沉船潜点之一，在这里潜水需要持有潜水执照。

❖ 地狱邮局

地狱之路

  "地狱之路"距离七英里海滩不远，其名字来自路边的一大片怪石，据资料介绍，这些怪石是拥有 150 万年历史的黑色石灰岩，看上去既荒凉又阴森，所以让人有身处地狱之感。

  如今，当地政府为了开发旅游，在这条"地狱之路"上开设了地狱商店、地狱邮局等。游客可以从地狱商店购买明信片，然后去地狱邮局盖上"地狱"邮戳并邮寄给自己或亲朋好友，这也算是在大开曼岛旅游的一大惊奇了。

"三趾鸥"号最光荣的事迹是曾作为搜救船找到了 1986 年 1 月 26 日"挑战者"号爆炸后的黑匣子。

"三趾鸥"号沉船的最高点距离水面大约只有 1.5 米。

❖ 地狱商店

港岛粉色沙滩

最　性　感　的　沙　滩

巴哈马群岛被誉为全球最美旅行度假之地，这里有一个独特、迷人的粉色沙滩，曾经被美国《新闻周刊》评选为"世界上最性感的沙滩"。

有孔虫是一类古老的原生动物，5 亿多年前就出现在海洋中，至今种类繁多。有孔虫是一种单细胞生物，体型非常小，肉眼很难看到。在哈伯岛周边的礁石上附着许多有红色或亮粉色外壳的有孔虫，它们被大浪袭击或鱼类冲撞后，就会成团地掉下礁石，最后被冲到沙滩上，变成了粉红色的"沙子"。

1513 年，西班牙殖民者庞塞·德·莱昂为了寻找传说中的不老泉，率领船队沿加勒比海航行，看到了一些被水浸着的岛屿，便为其起名为"巴哈马"，意思是"浅滩"。而港岛粉色沙滩就位于这片"浅滩"之中。

最性感的沙滩

世外桃源般的巴哈马群岛被清澈多彩的海水包围着，形成碧海蓝天、风景秀丽的自然热带海岛风光，其拥有众多连绵数千米的沙滩。在巴哈马群岛的众多沙滩中，最诱惑人的是粉色沙滩，而粉色沙滩中最著名的是 5 千米长的港岛粉色沙滩，它曾经被美国《新闻周刊》评选为"世界上最性感的沙滩"。

孔虫遗骸的杰作

港岛粉色沙滩隐藏在巴哈马群岛一隅，看上去一片粉红，颜色鲜艳，沙质细软。这些粉红色细沙是由近海的

❖ 粉色沙滩

一种有孔虫的遗骸与海滩上白色和红色的珊瑚粉末混合而成，当细沙中的有孔虫遗骸的比例达到一定的程度，沙滩便会呈现粉红色的状态，看上去极具诱惑力。

水上运动的天堂

港岛粉色沙滩被清澈湛蓝的海水包围，海水随着蓝色变化由浅至深，这里是水上运动爱好者的天堂，有帆船、划船、潜水、垂钓、水上摩托、汽艇等水上活动项目。

港岛粉色沙滩美得令人窒息，在这里哪怕什么都不做，只是静静地躺着，享受日光浴，欣赏白云从头顶飘过或者聆听海浪拍打沙滩的声音，都会令人怦然心动！

巴哈马群岛不仅是旅游者的天堂，还是一个国际金融中心，被人们称为"加勒比海的苏黎世"。

❖ 岛上的教堂都是粉红色的

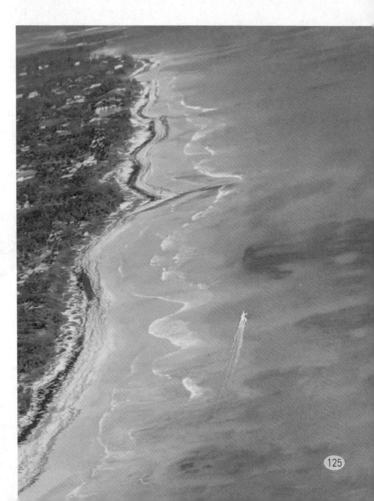

❖ 绵延 5 千米的粉色沙滩

迈阿密南滩

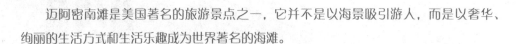

　　迈阿密南滩是美国著名的旅游景点之一，它并不是以海景吸引游人，而是以奢华、绚丽的生活方式和生活乐趣成为世界著名的海滩。

　　迈阿密南滩即迈阿密南海滩，位于美国闻名世界的101海滨公路旁，是迈阿密众多海滩中最著名的海滩，也是迈阿密最吸引人的地方。

让赏风景的人成了风景

　　迈阿密南滩连绵数十千米，拥有细软、洁白的沙子与蓝得不可思议的天空，海鸟悠闲地在低空飞翔或在海滩上觅食；人们或散乱地躺在沙滩上尽情享受阳光，或三五成群地玩沙滩排球或沙滩足球。

美国的101海滨公路是许多喜欢自驾游的游客最不愿意错过的一条线路，它北起西雅图，南至墨西哥边境的圣地亚哥。这条公路的设计非常人性化，每隔一段会预留一个停车场或几个车位让游客下车看看风景、拍拍照。

❖ 101海滨公路

　　迈阿密南滩的海床平缓低浅，海水蔚蓝、清澈，可以从沙滩直接走入大西洋中，无论是潜水、冲浪，还是跳上快艇疾驰在荡漾的海面上，都是一种无限快乐的享受。

　　迈阿密南滩的一切完全和大海融为一体，即便是海滩上赏风景的人也成了风景。

❖ 美国大陆最南端

这是迈阿密的网红打卡地，也是美国的最南端和美版的天涯海角。

❖ 迈阿密南滩上的救生塔

迈阿密南滩一共有31座这样的救生塔，分布在16千米长的海滩上。

"派对海滩"

迈阿密南滩的风景再美，也无法与马尔代夫、巴厘岛、夏威夷等相比，而使迈阿密南滩闻名世界的并非美景，这里聚集了上百家的酒吧、夜店、餐厅、酒店，以及各式历史悠

这是一张从迈阿密南滩边的酒店拍摄的海滩照片。

❖ 迈阿密南滩

❖ 停满各种快艇的迈阿密南滩

❖ 迈阿密南滩边的酒店

迈阿密南滩边有众多的酒店，各具特色，这家酒店的外墙被
刷成了粉色，看着都觉得透着浪漫的气息。

久的精品店。同时，这里还是夜
生活者的天堂，海滩周边有许多
夜店，吸引了许多喜欢夜生活者
的目光，因此，迈阿密南滩又被
称为"派对海滩"，是一个著名的
休闲娱乐胜地，也是奢华、绚丽
生活方式和生活乐趣的代名词。

迈阿密南滩是迈阿密最拥挤、
最充满活力的地方，无数富豪、
名流将其作为消遣胜地，在此辟
出私家府邸，每年来此沉浸于大
西洋的灿烂阳光下，享受奢华的
度假生活。

巴拉德罗海滩

巴拉德罗海滩素有"人间伊甸园"之称，是古巴距离美国最近的地方，这里拥有洁白的细沙、清澈的海水、蔚蓝色的天空，是古巴最像天堂，却最不像古巴的地方。

巴拉德罗海滩位于地形狭长的伊卡克斯半岛上，这里水清沙白，海滩边各种酒店、度假村错落有致，交通非常便捷，很多地方步行便可到达。

巴拉德罗的酒店都是国有的，不允许私营。

世界十大最美海滩之一

巴拉德罗海滩是一个长达 20 千米的金沙滩，它连绵不绝地横跨在整个伊卡克斯半岛海岸，是古巴最长、最美的海滩和最大、最受欢迎的海滩度假胜地，也是整个加勒比海地区最大的海滨度假区，被称为世界十大最美海滩之一。每年都有数以万计的游客来到巴拉德罗海滩度假，享受清澈的海水和温暖的阳光。

巴拉德罗位于哈瓦那以东 140 千米的地方，它所在的伊卡克斯半岛像一个抛向大海的狭长鱼钩。到过古巴的人称："不到巴拉德罗就不知道古巴的秀美。"

❖ 巴拉德罗海滩

❖ 轮胎船

巴拉德罗距美国不到100海里，而且海面相对比较风平浪静。据说每年都会有人划着破橡皮轮胎偷渡去美国。

这是个熔岩洞，里面有一大片清澈的湖水，可以潜水或游泳。如果不想在巴拉德罗海边晒太阳，土星洞是一个理想的避暑之地。

❖ 土星洞

海滩沿线有很多诱人的地方

巴拉德罗海滩是一个潜水胜地，全年都适合游泳和潜水。这里的海滩平稳地伸向海中，即便是不会游泳的人，站在浅水区，也能开心无风险地玩耍；海底还有美丽的珊瑚世界和奇特的海洋生物，无论是浮潜还是深潜，都能找到合适的潜点。此外，巴拉德罗海滩还有各种水上运动项目，如帆船、捕鱼、双体船巡航、风筝冲浪、玻璃底船等。

除了水上运动之外，巴拉德罗海滩沿线还有很多诱人的地方，如洞穴、湖泊、岛礁、考古场所、治病的泥潭等。

自20世纪70年代古巴对外开放旅游以来，1/3的外国游客将时间全部消磨在巴拉德罗海滩上。

❖ 杜邦豪宅

杜邦家族是巴拉德罗旅游的先驱

　　杜邦家族是美国最古老、最富有、最奇特、最大的财富家族，在第一次世界大战中，杜邦家族靠炸药聚敛了大量的财富，并买下了巴拉德罗 512 公顷的土地，然后修建了高尔夫球场、游艇码头和杜邦豪宅，他们是巴拉德罗自然风光的最早开发者。

巴拉德罗海滩有许多适合潜水的区域，可以进行洞穴潜水、夜间潜水和珊瑚海区潜水等。

❖ 在巴拉德罗潜水

131

❖ 安布罗休洞

由此开端，美国的富人蜂拥而至，连臭名昭著的芝加哥黑手党首领阿尔·卡波内，也在巴拉德罗置办了房产。古巴革命胜利之后，这些地产都被没收为国有，一部分分给了当地居民，一部分改成了酒店。

杜邦豪宅

杜邦豪宅（又名世外桃源豪宅）始建于 1928 年，是杜邦家族的私人豪宅，这是一座绿色屋顶的西班牙风格建筑，其装潢华丽昂贵，有精致的红木家具、来自意大利的大理石装饰、古铜吊灯，以及名贵的油画等。

❖ 安布罗休洞的绘画

安布罗休洞位于巴拉德罗海滩的延伸处，因 1961 年在洞穴深处发现 47 处绘画而闻名。这些绘画创作于哥伦布发现美洲大陆前，据研究可能是当时岛上人记录太阳历的一种方式。据传这个洞穴还曾经被出逃的奴隶用作避难所。

如今，杜邦豪宅是巴拉德罗高尔夫球会所，一楼是5间总统套房，二楼是小酒吧，地下还有巴拉德罗最豪华的餐厅。不管何时来到这里，有幸在杜邦豪宅内喝一杯鸡尾酒，欣赏室外的高尔夫球场和大海美景，都是人生一大美事。

巴拉德罗海滩是全古巴最不像古巴的地方，却又是古巴最像天堂的地方。如果说古巴最重要的产业是旅游业，那么巴拉德罗就是古巴旅游业的明珠，而巴拉德罗海滩则是这颗明珠上最耀眼的光芒。

❖ 乔森公园

乔森公园曾是一位富商的住宅，后来被改建成了供游人休闲游玩的公园。

巴拉德罗位于古巴西北海岸，属于温和的亚热带气候，平均每年日照330天，一年只分两季，即干季和湿季。每年的9月、10月，巴拉德罗都会有飓风，虽然并不是每年的飓风都很大，但是一旦遇到了就会造成严重水灾、破坏，所以最好避开这个季节。

❖ 阴天的海面

尼格瑞尔海滩

尼格瑞尔海滩是一个远离喧嚣的地方，不适合购物、狂欢，是一处感受落日，享受孤独、品味人生的世外桃源。

尼格瑞尔有铝土矿、石膏、铜、铁等矿物。

尼格瑞尔海滩位于西印度群岛第三大岛牙买加岛的蒙特哥市，其海岸线长 1220 千米，地形以高原山地为主，东部的蓝山山脉海拔多在 1800 米以上，最高峰蓝山峰海拔 2256 米，沿海有狭窄平原，多瀑布和温泉。

尼格瑞尔最早由嬉皮士发现，人们很少会在这里循规蹈矩，相反，他们都本着真正的嬉皮士精神来此享受生活。

嬉皮士们理想的居住地

尼格瑞尔是牙买加西端贫瘠的地区之一，自 1960 年起，这里就成为嬉皮士们理想的居住地，海滩上举行的酒神节和裸体日光浴者，使它在海滩界名声在外。后来，商人们在尼格瑞尔的海岸线上盖起了酒店、度假村，使其更正规化和商业化。

❖ 尼格瑞尔海滩

❖ 布拉迪湾海滩

布拉迪湾海滩是另外一个尼格瑞尔海滩，这里比七英里海滩安静，没有游乐设施，人也很少，是天体爱好者常光顾的地方。

❖ 蓝山咖啡

在蓝山的山坡上有大量的咖啡种植园，其中最有名的是"蓝山咖啡"，每年产量的90%被富豪们垄断，真正流通的只有10%，它被评为"集所有好咖啡的品质于一身"，被誉为咖啡世界中的"完美咖啡"。

独特的异国风情

当地政府十分重视旅游资源，禁止建造超越树冠高度的房屋，所以整个尼格瑞尔海滩周边都是清一色的矮房子，看上去或多或少有些怪异，但却形成了尼格瑞尔海滩独特的风情。除此之外，尼格瑞尔海滩东西两边还各有特色。

尼格瑞尔海滩的西部相对简朴、古怪，建有许多牙买加当地民族风格最浓郁的精品店、宾馆、酒店及餐厅；尼格瑞尔海滩的东部则多是正式、高档休闲度假村及高档酒店。

无论是在尼格瑞尔海滩东部还是西部，每一位慕名而来的游客都能在此感受到牙买加人民的热情。

❖ 七英里海滩

海滩众多

尼格瑞尔属于热带雨林气候，年降水 2000 毫米，这里的气候异常稳定，且常年不变，甚至连 10 月的飓风季节都不会受任何影响。

尼格瑞尔有众多海滩，最有名的就是七英里海滩，它常被认为就是尼格瑞尔海滩，除此之外，还有布拉迪湾海滩，其通常被称为"另一个尼格瑞尔海滩"。

尼格瑞尔的海滩都有迷人的白沙滩、美丽的珊瑚礁，海边有大量的海葡萄、椰树，拥有世外桃源般的宁静气氛，静得只能听见海风和海浪拍击海滩的声音。

❖ 尼格瑞尔海滩跳崖潜水

❖ 梅菲尔德瀑布

世界上最壮观的加勒比海落日

在尼格瑞尔海滩，随处可见沿着海岸策马奔腾、骑着水上摩托纵横穿梭、划着双体船沿海岸线前行，以及进行帆伞滑翔、皮划艇探险等的人们。

除了海滩外，在尼格瑞尔的丛林中还有很多瀑布，其中最有名的是梅菲尔德瀑布，它被誉为牙买加的隐秘瑰宝之一，是一处有名的天然温泉，泉水含有丰富的矿物质，在瀑布周围拥有21个天然游泳池和超过52种蕨类植物。

❖ 悬崖咖啡餐厅

悬崖咖啡餐厅是尼格瑞尔的网红打卡点，它虽然叫作悬崖咖啡餐厅，但这里出名并不是因为有多么美味的食物，而是这座咖啡餐厅坐落在一座海边悬崖上，在这里可以享受到跳海的刺激。

在这里，更大的乐趣在于热闹的一天即将结束时，躺在海边的沙滩椅上，来一瓶红酒，呼吸着清新的海风，静静地欣赏那充满魔幻色彩的夕阳余晖洒在白砂糖般的沙滩上，微微闭上眼，倾听海浪轻声地抚摸沙滩上的夕阳余光……这便是"世界上最壮观的加勒比海落日"最正确的打开方式。

❖ 伊苏瀑布

伊苏瀑布是尼格瑞尔丛林中的另外一个瀑布，这个瀑布的最大特点是由7段瀑布串联而成，每一段瀑布下面都有温泉泳池，在池中戏水，安全而奇妙。

岩画海滩

　　奇特的岩画海滩是阿拉斯加最迷人的风景之一，它将神秘、历史和文化完美地融为一体，是世界海滩中的奇葩。

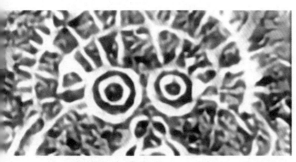

❖ 贺兰山的人面岩画

　　岩画海滩位于斯蒂金河河口旁的兰格尔小镇。在欧洲殖民者到达该地区之前，兰格尔小镇已有数千年历史，它是阿拉斯加历史最悠久的城镇之一，也是特林吉特人的故乡，整座小镇内有众多丰富的天然遗产，其中最有名的要数岩画海滩。

　　整个岩画海滩散落着 40 多块历史悠久的古岩石，在这些岩石上有各种形状的图案，如漩涡、鸟类、鲸和人脸等，其中有些图案在我国也有发现。这些岩画已经存在 8000 多年了。

　　关于岩画海滩上的这些岩画是如何形成的有很多种说法，有人说是当地古部落人刻画上去的，也有人说是外来部落做的记号。岩画赋予了这个海滩异乎寻常的神秘气息。如今，这里成了岩画海滩国家历史公园的一部分，这些神奇的岩画被保护了起来。

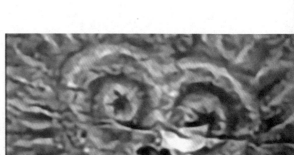

❖ 岩画海滩的人面岩画

这种人面岩画从北美洲西海岸到阿拉斯加、阿留申群岛，一直到我国都有发现，相似度极高，科学家认为它们之间应该有某种联系。

❖ 螺旋符号，宁夏中卫大麦地岩画

螺旋符号在全球各地都有发现石刻，或许这种符号是古时流行的符号，以至于至今仍在世界各地流行，深受人们的喜爱。

❖ 螺旋符号，原始人石刻

布拉格堡玻璃海滩

废 弃 的 玻 璃 形 成 的 美

　　布拉格堡玻璃海滩是由废弃的玻璃碎片经过若干年的海浪打磨而成的，它是大自然赐予人类的璀璨之地，在阳光的照耀下，"玻璃海滩"更是炫彩夺目。

出于保护海滩的目的，当地政府不允许游客带走海滩上的美丽玻璃颗粒。

　　布拉格堡玻璃海滩位于美国加利福尼亚州布拉格堡的海岸线上，由布拉格堡的中心路可直接进入通往海岸的小街，小街的尽头就是长长的布拉格堡海岸线。

美不胜收的玻璃海滩

　　布拉格堡海岸线外是一望无际的蔚蓝色太平洋，岸边布满了大大小小的礁石，在礁石的间隙中有一个远远看去并不太起眼的海滩，这便是玻璃海滩。

　　当走近玻璃海滩，层层海浪扑打在礁石和海滩上，溅起白色的浪花，在浪花冲刷下，玻璃海滩上出现了五颜六色的光芒，银色、绿色、蓝色、橙色，偶尔还有红色，这是海滩上的玻璃颗粒在阳光下反射出的亮光，简直美不胜收。

❖ 布拉格堡海岸线上大大小小的礁石

❖ 布拉格堡海岸线上的怪石

被丢弃的玻璃碎片

❖ 没有棱角的玻璃颗粒

这些玻璃颗粒虽然和沙子是同样的物质构成——二氧化硅，但是它们却并非天然形成的，而是由数不清的被丢弃的玻璃碎片，经过日积月累的海水冲刷，磨去了玻璃碎片的棱角而形成的。

以前的人们没有环保意识，1906—1967年，布拉格堡及周边的居民把这个海滩当作垃圾场，将玻璃制的瓶瓶罐罐的碎片和各种废旧的电器，甚至报废的汽车随意地丢弃在海滩上。后来，人们意识到保护环境的重要性，于是政府将大量的垃圾清理出海滩，但是由于玻璃碎片太多，而且都已经破碎，根本无法清理，于是就被留在了海滩上，而这些无法被清理的垃圾玻璃，被太平洋的海水冲刷后变成了圆形、椭圆形等不规则的、没有棱角的颗粒，成了海滩上耀眼的沙粒，让人眼花缭乱。

141

❖ 礁石间隙中的玻璃海滩

无独有偶，在俄罗斯的乌苏里湾也有一个著名的玻璃海滩，它也是由玻璃垃圾形成的。苏联时期的玻璃工厂倾倒在海边的玻璃瓶废料以及当地人的生活垃圾，如伏特加瓶、啤酒瓶，随着时间的推移，被大自然慢慢地打磨成了"玻璃鹅卵石"。

❖ 俄罗斯乌苏里湾的玻璃海滩

目前，玻璃海滩是马克卡瑞琪尔（MacKerricher）州立公园的组成部分，已经成了一个热门的旅游景点，每到旅游时节，都会有大批游客来到这里一睹玻璃海滩的别样风光。在阳光的照耀下，玻璃海滩更是炫彩夺目。

德阿让海滩

天　　　　堂　　　　海　　　　滩

　　德阿让海滩又称为天堂海滩，被美国《国家地理》杂志评选为"世界最美的海滩"之一，它不仅是一个度假胜地，还是众多电影的取景地，如《007》《侏罗纪公园》和《艾曼纽》等电影都曾在此取景拍摄。

　　塞舌尔是一个由 115 座大、小岛屿组成的岛国，整个国家大、小海滩不计其数，其中最美的海滩是塞舌尔第四大有人居住的岛——拉迪格岛上的德阿让海滩，它享誉欧洲，是"世界最美的海滩"之一。

> 德阿让海滩是塞舌尔岛上唯一需要购买门票后方能进入的海滩，票价为 100 卢比。

热带风情

　　拉迪格岛占地面积只有 15 平方千米，它被珊瑚环礁包围，岛上人口约 6000 人，民风淳朴，岛上未被过度开发，处处保留着原始风貌，给人一种世外桃源之感。

　　拉迪格岛处处都能让人感受到浓郁的热带风情，岛上没有机动车，交通工具只有牛车、自行车和小船。不管使用哪种交通工具出行，环岛一周，只需要 2 小时左右。

> 德阿让海滩非常狭窄，海滩上的沙粒粗大，颗粒分明，还混杂着珊瑚碎片。海滩附近有小酒吧，可以享受美味。
>
> ❖ 德阿让海滩

❖ 德阿让海滩上的巨石

绝美的天然画卷

德阿让海滩因淡粉色的海滩颜色而闻名于世，由蓝天、白云、绿叶、岩石、沙滩、海水组成一幅绝美的天然画卷，是拉迪格岛乃至整个塞舌尔众多海滩中最有名的海滩。在这幅天然画卷中，最惹眼的就是海滩上凌乱地散落着的一些巨石，这些巨石在海浪常年的冲刷、打磨下，变得既极富棱角，又极尽曲线之美，使本来就美到极致的德阿让海滩变得更加迷人。

众多影视剧在此取景

德阿让海滩曾吸引了著名电影《艾曼纽》在此取景。如今，海滩上依旧能看到当时为拍电影而搭建的木栈桥，它孤独地立在粉色沙滩上，供游人参观。除此之外，还有其他很多电影在德阿让海滩取景，如《007》和《侏罗纪公园》等。

企鹅滩

在大多数人的脑海中，企鹅是一种生活在南极的动物，因此，要想近距离观察企鹅，除了动物园外，就必须花上高昂的费用，冒着极大的风险，去往冰川雪地的南极。然而，事实并非如此，在热带非洲的开普敦企鹅滩，不仅能轻松地看到企鹅，还能和它们近距离互动。

世界上共有 17 种企鹅，它们大部分生活在冰天雪地的南极，但有一种企鹅却生活在热带非洲。

开普企鹅

在地处热带的非洲有一个小镇，专门为当地企鹅开辟了一片海滩作为保护区，保护区内生活着数千只企鹅，它就是位于南非开普敦的西蒙斯敦镇。

西蒙斯敦镇背山面海，建于 1687 年，已有 400 多年的历史，是最古老的开普敦殖民地之一，也是从开普敦前往好望角的必经之路，这里曾经是南非海军基地所在地。如今，它因为企鹅而知名，这些企鹅也因为生长在开普敦附近而被命名为开普企鹅。

❖ 开普企鹅

开普企鹅又叫非洲企鹅、南非斑点环企鹅、黑足企鹅，是一种较为珍贵的企鹅。它们是实行一夫一妻的表率，企鹅夫妻会一直夫唱妇随，形影不离，终生厮守。开普企鹅的叫声短促，类似驴叫，所以又称作"叫驴企鹅"。

❖ 无处不在的开普企鹅

成群的开普企鹅待在沙滩上，
有的在孵蛋，有的在照顾小
企鹅，有的在涉水，有的在游
泳……它们无处不在！

由两对掉队的企鹅繁衍而来

　　1982 年，有两对企鹅因为在迁徙路上掉队了，滞留在西蒙斯敦小镇。当地渔民发现后便自发地将它们保护了起来，经过几十年的精心照料，由当初的两对企鹅繁衍到了 3000 多只，如果不是亲眼看到，很难让人相信在靠近居民区的热带大海边，可以近在咫尺地观看到憨态可掬的企鹅。

❖ 企鹅滩的介绍

❖ 通往企鹅滩的栈道

一夜间变成了可怕的邻居

开普企鹅一直都备受当地人的喜爱，但随着企鹅数量的增多，问题也随之出现。因为一直被保护，这些企鹅变得肆无忌惮，它们会擅自闯进居民家中偷吃、捣乱，甚至会毫无顾忌地在居民家中的地毯上大小便，还有的企鹅更是直接闯到马路上觅食，严重阻碍了当地交通。因此，对当地人来说，这些曾经的客人一夜间变成了可怕的邻居。

为了保护这些企鹅，同时不影响当地人的正常生活，当地政府在西蒙斯敦小镇的沿海建立了一个封闭的海滩保护区，并命名为"企鹅滩"。企鹅滩也因此成了世界知名的观赏企鹅的海滩，游客到达西蒙斯敦小镇后，只需通过一条用木板搭建的栈道，便可深入企鹅们栖息的海滩，近距离观赏它们。在蓝天、碧海、白沙中，开普企鹅在海滩上尽情地享受着人们对它们的照顾和关注。

> 1814 年，英国占领了开普半岛，并在西蒙斯敦建立了海军战队基地。1957 年，南非海军接管了这里，现在这里是南非和英国共同使用的军港。

曼利海滩

悉 尼 人 最 爱 的 度 假 胜 地

在曼利，当地人最爱说的一句话就是"距离悉尼仅七英里，烦恼抛却数万里"，曼利海滩是悉尼人最爱的度假胜地。

曼利海滩位于澳大利亚新南威尔士州的首府悉尼北部的半岛上，是澳大利亚人最喜欢的度假胜地之一。

繁华的小镇

曼利海滩又称作曼利湾，曼利小镇被它环抱着，镇中心是一条商业街，街道不大，但是非常繁华，潮流精品店、风味美食街以及酒吧、夜店等应有尽有，街道沿途还有很多小巷子，巷子内隐藏着各种手工艺品商店，如蜡烛、木制品、皮件、珠宝、陶器、画作和玻璃制品店等。不仅如此，小镇中心这条街还是一条有历史的街道，据说最早可追溯到1859年，当时有人在此开了第一家酒店。

❖ 建在曼利海滩上的露天泳池

❖ 曼利海滩美景

商业街每天都热闹非凡，来自全球的游客络绎不绝，这是小镇的一大特色，可谓一道风景线。

美轮美奂的海滩

从小镇中心的商业街可以直接走到曼利海滩，海滩地处内外海交汇处，面向塔斯曼海，与悉尼隔海相望，北起女皇崖，南至雪利海滩，长约 1.5 千米，是悉尼人的休闲度假胜地，更是富人的聚居地。

曼利海滩的沙子黄如金，上面挤满了享受阳光的人们和海鸟；大海蓝如宝石，上面漂浮着众多的游艇；海边的山上是漫山遍野、五颜六色的花儿，还有一栋栋隐秘在丛林间的豪宅，构成了一幅美轮美奂的油墨画。

悠闲、惬意的海滩

曼利海滩拥有阳光沙滩、浪漫海景，同时也是悉尼最好的冲浪地，海滩南部微风习习，是初级冲浪者和游泳休闲者最爱的水域；海滩北部的女皇崖附近风浪层叠，很受勇敢的冲浪者喜爱。

❖ 曼利海滩码头

从悉尼市区环形码头的3号码头乘渡轮大约30分钟就可到达曼利海滩的码头。曼利海滩的码头不大，但是很繁华，在码头出口不远处就有各种商店和小型购物中心。

❖ 曼利海滩上的海鸟

❖ 曼利海滩官方宣传照

    除此之外，在曼利海滩还可以进行各种活动，如沙滩排球、沙滩足球等；沿着海岸还有一条沙滩小径，无论是在上面骑行还是徒步，都可以欣赏到小径两边与众不同的风景，时而沙滩、时而岩石滩、时而峭壁、时而密林、时而路过小餐馆和烧烤店，这一切无不展现着悠闲、惬意的海滩风情。

❖ 曼利海滩排名第一的餐厅
曼利海滩排名第一的餐厅 Hugo's，这是一家意大利餐厅。

❖ 鸟瞰曼利海滩

蜥蜴岛海滩

隐 藏 着 的 热 带 世 外 桃 源

蜥蜴岛海滩是一个美得让人窒息、令人惊叹不已的地方，这里的海洋广袤、沙滩旖旎，是一处让人无法抗拒的隐世之地。

蜥蜴岛位于著名的世界自然遗产大堡礁的最北端，拥有美丽、狭长曲折的海岸线和面积达 1000 公顷的海滩，因拥有优良的潜水资源而闻名世界。

库克船长是最早登岛的非原住民

蜥蜴岛距离澳大利亚大陆最北端约克角半岛上的库克镇的直线距离约为 90 千米。1770 年 6 月 11 日，库克船长的探险船穿越大堡礁时，来到这片珊瑚礁林立、如同迷宫一般的海域，他的船只因撞礁而搁浅，差一点儿就沉没了。在船只修理期间，库克船长登上了附近一座岛屿的最高峰（360 米的山顶），远眺这片礁石林立的海域，才找到了航行路线。库克船长在这座岛上看到了很多蜥蜴，于是将此岛命名为"蜥蜴岛"。库克船长和他的船员们是第一批登上这座岛屿的非原住民。

❖ 蜥蜴岛美景

❖ 蜥蜴岛海滩

❖ 土豆鳕鱼

最有名的沙滩是鳕鱼洞

　　蜥蜴岛上分散着 23 个令人惊叹的沙滩和一些小型的岩石海滩，沙滩的颜色有白色的，也有粉色的，每个沙滩既相互独立，又紧密联系。

　　在蜥蜴岛的众多沙滩中，最美、最有名的要数鳕鱼洞，这是一处被珊瑚环绕的沙滩，是蜥蜴岛、大堡礁乃至全世界最著名的潜水地点之一。这个海域有很多土豆鳕鱼出没，它是一种友善温顺、体重可达 150 千克的巨型鳕鱼。潜水者经常可以在鳕鱼洞以及周边海域潜水时遇到它们。除此之外，在鳕鱼洞附近潜水时，还可以观赏到各种成群结队的海洋生物，如毛利濑鱼、红鲈、各种珊瑚、海葵、白鳍鲨、巨蛤、多鳞霞蝶鱼、所罗门甜唇、羽毛海星等。

❖ 海底"圣诞树"
蜥蜴岛是世界上有名的浮潜胜地，沙滩被珊瑚群环绕，在这里不但可以看到色彩斑斓的珊瑚群、慢悠悠仿佛不知忧愁的海龟，还能看到长在海底的"圣诞树"；它们其实是海底蠕虫的"冠"，那螺旋结构是它们的触须。

❖ 岩石海滩

蜥蜴岛远离闹市，比较安静，除了鳕鱼洞因名气比较大，游客比较多外，其他的每个沙滩几乎都是隐世的潜水之地，每个人都能在此找到独属于自己的乐趣。

在蜥蜴岛海滩不仅可以享受潜水，还有众多道路通往山顶，直接到达当年库克船长远眺的山峰，如今这里建有库克瞭望台，站在库克瞭望台上可以俯瞰环绕岛屿的海滩和绿松石色的潟湖。

蜥蜴岛度假村是全岛唯一的度假村，仅有 40 间客房，被誉为澳大利亚最昂贵、私密性最强的岛屿度假区，其价格比汉密尔顿岛、海曼岛上的酒店等都要高。房费每晚 1 万 ~ 3 万元人民币，堪称最奢华的酒店之一。

❖ 粉色沙滩

微风湾海滩

澳 大 利 亚 水 质 最 好 的 海 滩

　　这里有一大片细腻纯净的白色沙滩，海水由近至远，从绿色过渡到深蓝色。湾口处的海浪在飓风下怒吼，甚是壮观；海浪涌进海湾后，在微风轻抚下，慢慢地消失在海滩之上，甚是温柔。

❖ 海水由绿色过渡到深蓝色
的海滩

　　微风湾海滩位于澳大利亚的袋鼠岛南部，是一个非常美丽且人迹罕至的海滩，有碧蓝的海面、细软的沙滩，洋溢着悠闲自然的情趣。

澳大利亚最美的海滩

　　1803 年，法国探险家尼古拉斯·博丹在澳大利亚南部进行探险时，他的探险船为躲避滔天巨浪的袭击，进入了一处

❖ 袋鼠提示牌

袋鼠岛又叫坎加鲁岛，是澳大利亚仅次于塔斯马尼亚和梅尔维尔岛的第三大岛屿，面积为 4405 平方千米。岛上随处可以看到袋鼠，因此有许多袋鼠提示牌，提醒游客不要被忽然从眼前跳过的袋鼠吓到，也不要去干扰袋鼠的活动。

风平浪静的无名港湾，于是博丹将这个港湾命名为微风湾。

❖ 尼古拉斯·博丹探险队中的随行画师画的微风湾

　　微风湾以其环抱的绵长海滩而闻名于澳大利亚，微风湾海滩也被誉为澳大利亚最美的海滩。时至今日，这里依旧完好地保存着原始生态系统和丰富的动物种群，几乎保持着1803年刚被发现时的面貌。2003年，悉尼大学教授安德鲁·肖特在考察、对比了上万个海滩后认为"微风湾海滩为全澳洲水质最好的海滩"。

度假胜地

　　微风湾内风平浪静，海滩上的沙子细白且特别，有水的地方的沙子呈红黑色。这里的海水极其清澈，由近处的绿色

❖ 法国探险家尼古拉斯·博丹

自1800年起，在拿破仑的支持下，法国探险家尼古拉斯·博丹率领探险队前往澳大利亚南部进行探险，也就是在这个时期，他发现了微风湾。

❖ 无人机视角下的木栈桥

微风湾海滩是袋鼠岛为数不多可以飞无人机的地方。

❖ 微风湾海滩水中呈红黑色
　的沙子

过渡到远处的深蓝色，站在岸边能隐约看见海底的礁石和绚丽的珊瑚。

微风湾远处有一个入海口，那里风浪很大，一波又一波的巨浪翻滚，称之为惊涛骇浪都不为过。因此，在微风湾既可在海滩上野餐，也可在近滩处钓鱼、浮潜、游泳等，更可以在入海口处冲浪，享受冒险的乐趣。微风湾也因此被公认为澳大利亚最好的度假胜地。

无人机视角拍摄的景色最美

微风湾海滩上最醒目的要数伸入海中的一座木质栈桥，这原本是当地渔民的专用码头，如今成为海滩上一道亮丽的风景。站在栈桥上，可以环顾洁白细腻的海滩，享受微风拂面带来的惬意，令人心神荡漾。不过，在微风湾海滩，最好的方式还是通过无人机拍摄，欣赏美景，湾内风平浪静，无须担心无人机会被狂风卷走，可以让它在海滩上空随意翱翔，探索每一个角落，拍摄多姿多彩的微风湾海滩。

❖ 无人机视角下的微风湾

酒杯湾海滩

　　酒杯湾海滩由弧形的海湾将绵延的白沙滩围成了酒杯形状，在这片人间净土上，海与天自成一色，清澈无垠的海水翻涌着扑打沙滩，宛如酒杯沿上的泡沫，景色极致迷人，曾多次被评为"世界十大最美海滩"之一。

　　酒杯湾海滩位于澳大利亚塔斯马尼亚州的东海岸半岛，距离霍巴特市200多千米，它是菲欣纳国家公园的一部分，被参差错落、粉红色与灰色相间的大理石峰——赫胥斯山环抱。

最不可错过的景点

　　从菲欣纳国家公园入口处徒步，沿着公园内有600多级台阶、忽上忽下并蜿蜒跌宕的步道前行，便可爬上赫胥斯山山顶。

　　赫胥斯山山顶上有一个观景台，在此可欣赏赫胥斯山的粉红色花岗岩，还可以俯瞰山脚下精雕细琢、绵延30千米的酒杯湾海滩，它有着美妙的酒杯弧度、缤纷的色彩和纯白的沙滩，被翠绿的树林环抱，海风徐徐，林涛阵阵，蓝天白云倒映在海湾的碧波之上，尽显大海的狂野和宁静，煞是漂亮。酒杯湾被誉为塔斯马尼亚"最不可错过的景点"，是澳大利亚最美的景观之一。

> **关于酒杯湾名字的另一个传说**
>
> 　　酒杯湾名称的由来有很多种说法，其中有一种说法还隐藏了一段人类捕鲸史。相传，在19世纪20年代，海湾内有大量的鲸，吸引来大量的捕鲸船在此围捕，人们追赶着鲸并用钢叉捕捉，鲸的血液染红了整个海面，使整个海湾像是一个盛满红酒的酒杯，因此得名酒杯湾。

❖ 宛如酒杯沿上泡沫的酒杯湾

❖ 粉红色花岗岩

世界上十大最美海滩之一

　　酒杯湾是塔斯马尼亚东海岸一颗耀眼的明珠，1999 年入选美国旅游杂志《户外》评选的世界十大最美海滩。

　　酒杯湾的湾口稍小，湾底较大，是一个原始、纯净的海湾，它仿佛一个轮廓分明、晶莹剔透的酒杯，碧蓝的海水就好像盛在酒杯里的清凉的啤酒，绵延雪白的海滩宛若酒杯沿上的泡沫。远远望去，酒杯湾中浪吻白沙，景色十分迷人。

惊奇之旅

　　酒杯湾海滩的白沙、海水与环抱海湾的粉红色花岗岩相映成趣，在这里除了可以欣赏摄人心魄的美景之外，还可以钓鱼、航海、丛林漫步、游泳、潜水、划橡皮艇、攀岩等，也可以悠闲地漫步于纯白的沙滩上，吹着徐徐海风，感受着海浪轻拍脚丫，一边找寻形状各

在通往酒杯湾观景台的途中会有这样的指示牌，旁边有一大堆粗树枝，这些树枝都是游客用来做登山手杖并归还于此的。

指示牌上介绍，山上生活着此地特有的"海鹰"，它们会花很多年的时间采集这种树枝筑巢，养育后代，所以游客不能拿走这些树枝，否则海鹰会很难找到树枝筑巢，因此游客往往会把看到指示牌之前捡到的树枝放到指示牌旁边。

❖ 很少见的指示牌

在通往酒杯湾观景台的途中，会遇到很多袋鼠，它们一点儿都不怕人，而且会很友好地来到人们身边，期待人们喂食物。

❖ 沿途的袋鼠

❖ 酒杯湾海滩美景

异、多姿多彩的贝壳，一边安静地欣赏壮丽旖旎的海岸景致。

酒杯湾的一切都未经人工雕琢，这里既没有如织的游人，也没有人为设置的沙滩椅等，来这里游玩绝对可以算是一次惊奇之旅。

酒杯湾所在的塔斯马尼亚岛的气候温和宜人，被称为"全世界气候最佳温带岛屿"。其四季分明，各有特色。

夏季（12月~次年2月），气候温和舒适，夜长日暖，平均最高温度21℃，平均最低温度12℃。

秋季（3~5月），平和清爽，阳光普照，平均最高温度17℃，平均最低温度9℃。

冬季（6~8月），清新凉爽，山峰都布满了白雪，平均最高温度12℃，平均最低温度5℃。

春季（9~11月），凉爽清新，绿意盎然，是天地万物苏醒重生的季节，平均最高温度17℃，平均最低温度8℃。

❖ 酒杯湾海滩晚霞

火焰湾海滩

地 球 上 最 热 烈 的 石 头 乐 园

火焰湾海滩虽然拥有绵延的纯白沙滩和一望无际的湛蓝海水，但使其成名的却是海滩上一堆堆橙红色的石头，它们如火焰一般在潟湖中"燃烧"。

❖ 火焰湾爬满橙红色地衣者岩石

宁静的火焰湾有世界上最热烈的石头。

❖ 火焰湾美景

在澳大利亚塔斯马尼亚岛东海岸的北部有一个风景绝美的海湾——火焰湾，湾内有一个绵延29千米、由洁白细沙组成的海滩，这便是火焰湾海滩。

火焰湾名字的由来

1773年，英国航海家托拜厄斯·弗诺在一次航行中，远远看到塔斯马尼亚岛的海湾处被火烧得一片通红，以为是当地原住民发现了他们，燃火以示警告。等托拜厄斯·弗诺小心谨慎地靠岸后，才发现虚惊一场，原来他们看到的火是海岸边呈火红色的岩石，此后这个海湾就被欧洲航海家命名为"火焰湾"。另外一种说法，殖民者确实看到了原住民因垦荒而烧荒地，大火映红了半边天，所以叫"火焰湾"。

岩石看上去是火红色的

火焰湾海滩虽然拥有纯白的沙滩，却因为火红色的花岗岩巨石而闻名天下。

火焰湾的花岗岩本身并非火红色的，而是因为海滩周边的岩石和岬角上到处都爬满着橙红色的地衣，使岩石看上去是火红色的，尤其是在晴朗的蓝天下，海湾内的岩石被阳光照射后，岩石上的地衣变得更红，色彩变得格外鲜明，就像是火在燃烧一般。

火焰湾海边都是大块的橙红色石头，仿佛燃烧着的火焰一般，火焰围着钴蓝色的海水，形成一个绝佳的拍照圣地。人们可以顺着大石块攀爬向海里，一直延伸到浩瀚的太平洋中。

塔斯马尼亚最美的沙滩

2009年，火焰湾被世界知名旅游指南《孤独星球》评为"最有价值的十大旅行地"之一，其得益于火红色的花岗岩和被海湾环抱的海滩。

火焰湾海滩与整个海湾都被潟湖环抱，潟湖的水很浅，而且清澈见底，从远到近呈不同深度的蓝色，再配以岸边火红色的岩石，给人一种与众不同的视觉享受。因此，火焰湾沙滩被评为塔斯马尼亚最美的沙滩，火焰湾则被评为最值得去的海湾。

在这极静、极净的火焰湾海边，无论是晒日光浴、漫步海滩、冲浪踏水、捡贝壳、户外烧烤、篝火、露营等，都能让游客放慢脚步，沉醉在自然的怀抱里，细细品味悠闲的假日时光。

火焰湾以白沙、红岩和湛蓝海水而著称。白沙之细就如同踩在面粉上一般，而沙滩周边的岩石和岬角上到处都是标志性的橙红色地衣。

❖ 火焰湾

使命海滩

使命海滩是澳大利亚一处不起眼的海滩，却被誉为"澳大利亚最惊险刺激的海滩"，拥有众多冒险刺激的项目，如跳伞运动、白浪漂流、海上独市舟、滑水车、丛林探险等。

凯恩斯是澳大利亚昆士兰州的一个海港城市，位于澳大利亚大陆东北部的太平洋沿岸，濒临特里尼蒂湾，被誉为当地"最美的秘密之地"的使命海滩，就位于离凯恩斯 2 小时车程处。

使命海滩由 4 个海滩组成

使命海滩又被译作美神海滩，长 14 千米，约占凯恩斯延绵 26 千米的海岸线的一半。使命海滩是一个长长的金色沙滩，在婆娑的棕榈树影之下，北起肯尼迪湾的克拉姆普角，贯穿了 4 个海滩，分别是南使命海滩、翁琳海滩、北使命海滩和宾吉尔湾，南至波特普的小溪与加纳海滩隔溪相望。

使命海滩北边伸入大海的尖角部分便是肯尼迪湾的克拉姆普角。

❖ 鸟瞰使命海滩

重要的鸟类保护区

使命海滩距离澳大利亚两大重要世界自然遗产——大堡礁和湿润热带雨林都很近，其大部分区域属于国际鸟类联盟所指定的海岸湿热带重要鸟类保护区。该保护区内较为著名的动物有濒临灭绝的食火鸡，它是一种憨笨、凶残、不会飞的大型鸟类。

使命海滩还拥有丰富的热带水果，海滩沿岸以及周边村镇中有许多专业酿制热带水果酒的酒庄，以及餐馆、咖啡店、艺术馆、度假村等。

冒险者的天堂

使命海滩是距大堡礁较近的大陆通道，两地乘船只需耗时约 1 小时，来到这里的游客大部分都会选择去更有名的大堡礁，所以使命海滩相对安静，保持着纯天然的自然环境。这里是冒险者的天堂，海滩上有众多刺激的运动项目，如跳伞、白浪漂流、海上独木舟、滑水车、潜水、浮潜、远足、丛林探险、观鲸等，无论哪一项，都是能让人肾上腺飙升的项目，其中最具特色、最惊险而又刺激的项目要数跳伞。

刺激的跳伞

凯恩斯被跳伞爱好者公认为是澳大利亚最优质的高空跳伞地。漫长的使命海滩因风景优美、天空透彻，更是被誉为凯恩斯最完美的高空跳伞区域，吸引了来自世界各地的跳伞发烧友来此挑战。

❖ 食火鸡

食火鸡又名鹤鸵，是世界上第三大的鸟类，为鹤鸵目、鹤鸵科的鸟类，共 1 属 3 种。它的双翼比鸵鸟和美洲鸵鸟的更加退化，不能飞。食火鸡和美洲鸵鸟一样，也有 3 个脚趾。

食火鸡分布于澳大利亚和新几内亚等地。它因爪子如匕首能挖人内脏，而被列为世界上最危险的鸟类。如今因栖息地环境被破坏，食火鸡已成为濒危物种。在使命海滩有专门参观食火鸡的旅游项目。

❖ 使命海滩跳伞

在使命海滩跳伞，需要在凯恩斯或使命海滩周边酒店的跳伞公司接送点，乘坐专车到达跳伞基地，然后乘坐飞机到达海滩上空 4.6 千米处一跃而下，在快速、自由下落的过程中，挑战真正的极限。在徐徐地滑翔 5~7 分钟的过程中，能 360 度全方位鸟瞰金色的使命海滩与湛蓝的大海，附近的小岛与内陆雨林的景致相继映入眼帘，随后平缓地降落在使命海滩上，这是让每个跳伞者永生难忘的体验。

在使命海滩，如果不想在海上、天空以及丛林中展开自己的刺激之旅，也可以在海滩边的斜树下闭目养神，在金黄色的沙滩上晒日光浴，欣赏着天空缓缓降落的降落伞和滑翔伞。

❖ 当地的跳伞海报

使命海滩是澳大利亚唯一可以从沙滩扬帆出海的港口，吸引了不少帆船爱好者来此扬帆远航。

特别注意：潜水后 24 小时内不能跳伞，否则会得减压病。

在使命海滩跳伞登机之前，需要签署一份协议，协议内容是一些权责方面约定的格式条款，大概的意思就是"安全自负，吓死、摔伤、摔死，公司概不负责"，不签是无法享受高空跳伞的。

漂流者温泉度假村是使命海滩上最有名的度假村，曾被《旅游指南》选为世界上十大最佳海滩度假村之一。

波普海滩

如果称可爱岛是上天恩赐的珠宝，那么波普海滩则是其最耀眼的地方，使其闻名于世的并非美景，而是因为珍稀的夏威夷僧海豹和丰富的海洋生物。这是一处容易让人迷失的海滩，熟悉它的人将其称为独一无二的潜水地。

美国夏威夷群岛的第四大岛——可爱岛的海岸线上分布着69个壮观、纯洁的白色沙滩，远比夏威夷其他岛屿的沙滩更多、更密集，每个沙滩都有独特的风景，其中波普海滩更被评选为"美国最佳海滩"，是背包客的天堂。

夏威夷僧海豹

波普海滩位于可爱岛的南海岸，它仅2千米长，是一个近乎完美的新月形海滩，有清澈见底的海水和干净的沙子，风景十分优美。波普海滩之所以被称为"美国最佳海滩"，

可爱岛是夏威夷群岛中的第四大岛，在英国著名小说《格列佛游记》中，作者描述了一个奇幻的小人国，令无数中外读者都感到十分惊奇。相传早在公元2世纪时，可爱岛就已有人居住了，他们便是平均身高不到1.5米的曼涅胡内人，在鼎盛时期有高达百万曼涅胡内人居住在可爱岛。

❖ 波普海滩

❖ 与夏威夷绿海龟同游

并非因为风景，而是因为来此享受风景的海洋生物——夏威夷僧海豹。

据统计，全球的夏威夷僧海豹仅有 1200 头左右，大部分生活在波普海滩，人们能经常看到它们悠闲地躺在波普海滩上享受阳光。它们在可爱岛的其他地方并不常见。

潜水者的天堂

波普海滩并没有过度商业化，不过，海滩上设施齐全，有小商店、卫生间、淋浴室和野餐桌，在这里除了看夏威夷僧海豹之外，每年11月至次年的3月，还能看到在海滩沿岸喷水柱的座头鲸。

❖ 夏威夷僧海豹

夏威夷僧海豹生活在波普海滩附近的海域，它是一种古老而稀有的海豹，是世界上唯一一种一生都在热带海域中生活的海豹，出没在南半球水温较高的温暖海洋，属于世界级一类保护动物，濒临灭绝。

此外，波普海滩绿松石色的海水下还有色彩缤纷的鱼群，这里不仅是看夏威夷僧海豹和座头鲸的地方，还是潜水者的天堂，几乎每个潜水者都能在这里看到巨大的夏威夷绿海龟，甚至还能和它们在海中同游嬉戏。在海滩的一角还有一处浅水区，无风无浪，是儿童戏水的乐园。

波普海滩面朝大海，背靠群山，如果时间允许的话，可以和家人一起来此游泳、浮潜、冲浪，感受柔和的海风轻拂在身上，看着阳光从海滩的西端渐渐落下，天空被染得一片粉红，最后完全没入海平面，别有一番风味。

可爱岛位于夏威夷群岛几座大岛的最北端，拥有600多万年的历史，是夏威夷群岛中最古老的岛屿，也是最后加入夏威夷群岛的岛屿之一。

❖ 可爱岛美景：直插天际的碧绿悬崖

塔哈鲁海滩

　　塔哈鲁海滩是一个深受游泳爱好者青睐的黑色沙滩，也是一个冲浪的圣地，很多冲浪高手都愿意来这里一显身手。

❖ 高更

保罗·高更（1848—1903年），法国后印象派画家、雕塑家，与文森特·梵高、塞尚并称为"后印象派三大巨匠"。1890年之后，高更日益厌倦文明社会而一心遁迹蛮荒，太平洋上的塔希提岛成了他的归宿。

❖ 最接近天堂的地方

　　塔希提岛位于南太平洋中部，它是法属波利尼西亚五大群岛中最大的岛，也是塔希提群岛的主岛。这里的四季温暖如春，物产丰富，凭借秀美的热带风光，环绕四周的七彩海水，被世人称为"最接近天堂的地方"。塔哈鲁海滩就在塔希提岛西南偏西一点的地方。

　　塔哈鲁海滩距离高更博物馆不远，它是一个黑色沙滩，沙滩宽阔绵长，而且被保护得很好。塔哈鲁海滩拥有非常棒的海水，近岸处风平浪静，适合家庭亲子戏水、游泳，无论是游泳、浮潜还是划着小船，都给人一种像飘浮在空中的感受。稍微远一点的海面则风起浪涌，吸引了来自世界各地的冲浪爱好者在此一显身手。

　　此外，塔哈鲁海滩上以及海滩周边设有快餐店、美食店以及游泳、冲浪用品商店等，能满足大部分来此度假的游客的需求。

❖ 塔希提岛及其群岛博物馆内展出的小船

塔希提岛及其群岛博物馆位于塔希提岛西岸，距离首府帕皮提约 15 千米，是南太平洋地区最优秀的博物馆。

塔哈鲁海滩是塔希提岛最美落日欣赏地，当年印象派画家高更曾经常独自在此欣赏落日，并获得了很多绘画灵感，如今在海滩不远处的高更博物馆内藏有其大量的作品，其中不乏与落日有关。

❖ 塔哈鲁海滩落日

夏威夷红沙滩

夏威夷红沙滩是一个与世隔绝的海滩，沙滩上满眼都是神奇的铁锈红色的沙子，恍若外星球般荒芜、神秘。

茂宜岛面积为 1888 平方千米，是夏威夷群岛第二大岛，由东、西两个板块构成，中间靠一段瓶颈状陆地相连。岛上的景色从沐浴阳光的沙滩到阴雨连绵的热带雨林，从富饶肥沃的山谷到荒凉贫瘠的火山，变化无穷，应有尽有。

夏威夷红沙滩又叫凯哈鲁海滩，位于夏威夷群岛第二大岛茂宜岛的卡乌伊基山远侧的哈纳海滩公园的哈纳湾南部。

满眼是荒芜的铁锈红色

茂宜岛以数量众多的海滩而闻名，在众多的海滩中红沙滩最有特色，其所在位置十分隐蔽，从哈纳海滩公园有一条陡峭的小径通往红沙滩，路上覆盖着松散的火山灰渣，路边长满了小草，十分难走。

❖ 神秘的夏威夷红沙滩

红沙滩极为罕见，世界上只有 3 个地方可以觅得红沙滩的踪迹：希腊的圣托里尼岛、夏威夷的茂宜岛和加拉帕戈斯群岛，其中，茂宜岛的红沙滩最受游客喜爱。

红沙滩周边有些裸露的岩石山体，看上去满眼是荒芜的铁锈红色的堆积物，如果不是有蓝天白云的映衬，这里和月球表面真的没有太大区别，这种荒凉的感觉，使它成为夏威夷的网红打卡地之一。

红沙滩还很年轻

红沙滩是由环抱沙滩的深红色的火山岩的碎屑，经过海浪的筛洗而成。这种火山岩结构比较松软，并不需要经过海浪的打磨，就会自行剥离山体，正因为如此，红沙滩的沙子颗粒比较粗糙。随着时间的推移，火山岩山体会被进一步侵蚀，沙滩上的红色岩石颗粒的堆积物还会增加，因此，这里的红沙滩还很年轻，未来，红沙滩的面积还会继续扩大，甚至大到让人无法想象的地步。

❖ 夏威夷红沙滩

茂宜岛被认为是夏威夷群岛中最美丽的岛屿，它不仅有美丽的海岸线，还有秀丽的山峰和茂密的植物。

夏威夷的饮食文化最早源自茂宜岛。茂宜岛最值得一去的餐厅是以电影《阿甘正传》为主题的"巴甘虾"餐馆，餐馆门口摆着一张乒乓球桌，旁边一张长椅上是"阿甘"的书，椅子下面放着"阿甘"那双偌大的跑鞋。

❖ 茂宜岛"巴甘虾"餐馆

❖ 茂宜岛火山口
茂宜岛火山口布满了铁锈色的火山灰，看上去十分诡异而神秘。

哈纳公路蜿蜒盘旋，步步是景，曾经被美国《国家地理》杂志评为"全球最美公路"之一。沿途有海景、高山、雨林、瀑布，不同的景致接踵而至，令人不舍得离开。

❖ 茂宜岛徒步公路——哈纳公路

位置隐秘

　　红沙滩的海浪并不大，但是很少有平静的时候，并不适合游泳等。这里的沙子颗粒粗糙，不适合光着脚丫在沙滩上行走，除非是为了享受被粗糙的沙粒按摩脚底的那种感觉，否则，只能遗憾地穿着鞋子在海边散步。不过，因为红沙滩的位置比较隐秘，因此受到了不少天体日光浴爱好者的青睐。

帕帕科立海滩

火 山 女 神 的 眼 泪

帕帕科立海滩位于夏威夷大岛最南部，海滩上的沙粒璀璨晶莹得犹如绿宝石一般，美得超出了人们的想象，传说中这是火山女神的眼泪。

帕帕科立海滩是世界上仅有的两个绿沙滩之一，被誉为用"宝石"铺成的沙滩，位于夏威夷大岛最南部的南角公园，这里也是美国的最南端。

火山女神的眼泪

帕帕科立海滩上的沙粒的主要成分是绿色的橄榄石，橄榄石是一种半珍贵的石头，分布于海滩附近，由于海水的侵蚀和常年的摩擦作用，石头被一点点地磨成了现在的细沙，形成了世人瞩目的绿沙滩。

远远望去，帕帕科立海滩好像一块细腻的碧玉陈列于海天之间，被海浪轻轻拍打后，湿润的沙滩好像木瓜油一般温润泛绿，因此，这里也被叫作木瓜油沙滩。大多数人知道有白沙滩、黑沙滩、红沙滩甚至粉沙滩，但是绿沙滩确实让人感到神秘而疑惑，根据当地人的传说，这些橄榄石沙子是火山女神佩蕾的眼泪流淌而成。

❖ 美国的最南端

南角公园位于夏威夷大岛最南部，同时也是美国的最南端，虽然只是一个标志性的地理位置，并无特殊景点，但仍然吸引了所有途经此处的游客。它只是一片荒草覆盖的悬崖海角，景色壮美，周围都是高山牧场，适合看海上落日。

❖ 绿沙滩

火山女神的眼泪难得一见

相传居住在夏威夷岛的火山女神与海洋女神为抢夺情人而作战，火山女神战败后被囚于夏威夷岛南端的普纳鲁吾黑沙滩，据说黑沙滩下有火山女神的宫殿，而她的眼泪就成了绿沙滩。

❖ 黑沙滩

火山女神的眼泪可不是什么人都能触碰的，因为通往帕帕科立海滩的道路未经垦荒，极其难走，不管多好的越野车都很难到达，游客只能依靠双脚徒步，翻越十几千米的崎岖不平的火山岩后跋涉到帕帕科立海滩附近，然后再翻越一座陡峭的山崖才能到达绿沙滩，一睹火山女神的眼泪。

稀有和珍贵的绿沙

帕帕科立海滩只是小小的一片沙滩，也是一个鲜为人知的区域，整个沙滩没有进行任何商业开发。

在帕帕科立海滩入口处有个警示牌，上面写着偷沙子会被罚款 500 美元，由此凸显绿沙的稀有和珍贵。事实上，即便是没有这块罚款的警示牌，大家也只会在这里尽情玩耍，肆无忌惮地拍照，很少有人带走一粒沙子，因为传说中，谁擅自带走火山女神的眼泪，谁就会遭到火山女神的报复。这是人们对自然神明的敬畏，也从根本上保护了这个珍贵的沙滩。

橄榄石是一种天然宝石，其母岩是地幔最主要的造岩矿物，是一种镁与铁的硅酸盐。其主要成分是铁、镁、硅，同时可含有锰、镍、钴等元素。晶体呈粒状，在岩石中呈分散颗粒或粒状集合体。属于岛状硅酸盐。橄榄石可蚀变形成蛇纹石或菱镁矿，可以作为耐火材料。

❖ 放大后的绿沙滩沙粒晶莹剔透

威基基海滩

威基基海滩是夏威夷群岛最具活力的激情沙滩，这里集游泳、冲浪、沙滩浴于一体，吃喝玩乐、购物一应俱全，是到夏威夷群岛度假的必到之地。

檀香山即火奴鲁鲁，在夏威夷语中，火奴鲁鲁意指"屏蔽之湾"或"屏蔽之地"。因为当地盛产檀香木，岛上环绕着淡淡的檀香味，仿佛经过一场神圣的洗礼，华人称火奴鲁鲁为檀香山。

威基基海滩位于夏威夷群岛中的瓦胡岛的檀香山市，其一面临海，另一面被坷拉威河与市区其他地方隔开。

充满激情的地方

威基基（waikiki）在原住民的语言中有"喷涌之水"的意思，威基基海滩是多数人心目中最典型的夏威夷海滩，也是世界最著名的海滩之一。

威基基海滩平均每日的游客多达 2.5 万人，每年的观光收益高达 50 亿美元，占了夏威夷群岛年观光收入的 45%，因此，只用"著名"两个字来形容威基基海滩，似乎略显简单。

威基基海滩长约 1.61 千米，有洁白的沙子和炽热的阳光，凡是来夏威夷群岛旅游的人，威基基海滩是必到之地，因为这里实在是太美了。早在 19 世纪初，夏威夷群岛上的卡美哈美哈国王就爱上了这里，并在此地修建了海滩别墅。

❖ 奢华的威基基海滩

❖ 威基基海滩美景

　　威基基海滩虽然只是一个弹丸之地，却是一个充满激情的地方，所有来到这里的人的热情、活力都会被顷刻点燃。

　　在威基基海滩，可以跟着感觉去冲浪，体验与海浪搏击、驰骋在海浪上的快感；或者坐在海滩边的餐厅，喝一杯浓浓的菠萝汁，听着夏威夷经典的尤克里里弹奏的乐声，看着远处浪花朵朵，听着海水扑打在礁石上的声音，轻松度过惬意的一天。

❖ 威基基海滩上的冲浪板租赁点

威基基海滩的浪比较大，这里是冲浪爱好者的天堂。

瓦胡岛上的大多数饭店都坐落于威基基。威基基的西侧是世界上最大的开放式购物中心——阿拉莫纳中心。

威基基并不是风景有多好，而是因为它的公共服务设施非常健全，包括吃饭、购物、娱乐，基本上全岛的商业都集中在这里。

❖ 古兰尼牧场

❖ 尤克里里

尤克里里的意思是"跳跃的跳蚤"，是一种夏威夷的四弦拨弦乐器，发明于葡萄牙，盛行于夏威夷，归属在吉他（一般六弦）乐器一族。

古兰尼牧场

在威基基海滩附近有一个著名的影片拍摄场地——古兰尼牧场。

古兰尼牧场建于 1850 年，整个牧场沿海岸线绵延 8 千米，跨越 3 座山脉、2 个峡谷，共占地 16 平方千米，从威基基海滩自驾 40 分钟车程即可到达。

古兰尼牧场是好莱坞 50 多部电影和电视节目的拍摄地点，如《侏罗纪公园》《珍珠港》《人猿泰山》《金刚》等，都有大量场景曾在此拍摄，这里现在已成为瓦胡岛的顶级景区。

威基基海滩周边还有很多有趣的景点可供参观，如威基基水族馆、檀香山动物园、恐龙湾等。

贝壳海滩

世 界 上 最 奢 侈 的 海 滩

　　贝壳海滩是一个特别的海滩，它不以沙子细腻柔软和色彩迷人而闻名，而是堆满了贝壳，堪称"世界上最奢侈的海滩"，美国《国家地理》杂志还曾称它为"世界最美的海滩"之一。

　　贝壳海滩坐落于澳大利亚的最西点，是鲨鱼湾绵延1500千米的海岸线上的一个海滩，被誉为"世界上最奢侈的海滩"，也是世界上3个完全由贝壳形成的海滩之一。

当之无愧的名字

　　贝壳海滩距离西澳大利亚州首府珀斯约780千米，距离鲨鱼湾的主要城镇德纳姆约45千米。

　　贝壳海滩的入口处较高，海湾内地势低，海水只进不出。当地炎热、干燥和多风的气候导致海水的蒸发率很高，加上降雨量很少，几乎没有淡水补充，使这里的海水盐度比一般地方的高出2倍。正是这些极端的因素为贝壳们创造了最天然的繁育温床，它们在这里自由任性地生长，迅速繁衍，贝壳们祖祖辈辈在这个高盐度的环境中出生、死去，无数生命的循环后，最终整个海滩的沙子都被贝壳取代了，获得了"贝壳海滩"这个当之无愧的名字。

❖ 由指甲盖大小的贝壳组成的海滩

整个海滩上基本都是指甲盖大小的贝壳，掺杂着风化了的贝壳粉。

鲨鱼湾是澳大利亚最大的海湾，覆盖了大约2.3万平方千米的范围，有超过1500千米长的海岸线。

❖ 鲨鱼湾美景

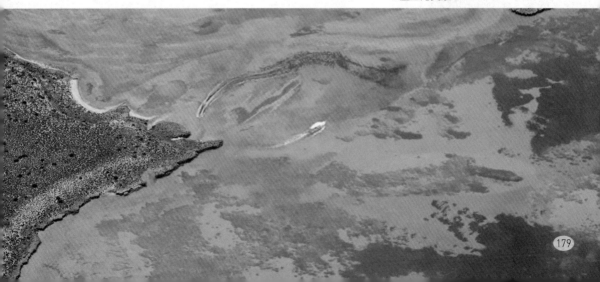

179

❖ 贝壳海滩
绵延 110 千米的海岸全是由洁白的贝壳堆成的。

1991 年，鲨鱼湾被联合国教科文组织列入世界自然遗产名录，这里有自然造物的美景、多样丰富的生态环境，还有庞大的全球罕见的儒艮种群。

贝壳海滩上的大部分贝壳是鸟蛤的贝壳。

❖ 鸟蛤

世界上只有 3 个贝壳沙滩，除了鲨鱼湾的外，另两个在加勒比海的圣巴特斯岛和中国的无棣。

世界最美的沙滩之一

贝壳海滩上的贝壳堆积如山，整整绵延了 110 千米，其中高达 7~10 米的主要贝壳海滩就达 60 千米长。整个海滩由几十亿个贝壳，经过 4000 多年的累积而成，远远望去，贝壳海滩就像是被洁白的雪花覆盖一样，因而又被称为澳大利亚最白的海滩之一。

在贝壳海滩入口的地方有个牌子，提示大家这里的贝壳不能带走，作为鲨鱼湾的一部分，贝壳海滩已被列为世界自然遗产。

贝壳海滩上的贝壳经过几千年的变迁、挤压，有些已经形成了贝壳岩，当地居民曾经以海滩上的贝壳岩为材料建造房子等，现在已经被严格禁止。

❖ 贝壳岩

猴子米亚海滩

猴子米亚海滩是鲨鱼湾内一个不起眼的海滩，这里并非因猴子而出名，而是因有号称全世界最友善的宽吻海豚出没而出名。

猴子米亚海滩坐落于鲨鱼湾绵长的海岸线顶端，距离西澳大利亚州首府珀斯约850 千米，距离鲨鱼湾的主要城镇德纳姆约25 千米。

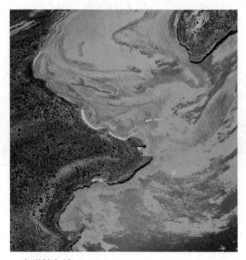

猴子米亚并没有猴子

猴子米亚海滩与澳大利亚的大部分海滩一样多姿多彩，它洁白无垠、空旷纯净。猴子米亚海滩并没有猴子，它因清澈如绿松石色的海水中常有温顺且聪明的宽吻海豚出没而闻名。

❖ 鸟瞰鲨鱼湾

❖ 猴子米亚岸边的宽吻海豚

❖ 儒艮

除了欣赏聪明友善的宽吻海豚外，还可租乘四轮沙滩车，沿着猴子米亚海滩与海岸边的红色沙丘狂奔。

❖ 猴子米亚通往海滩的红色沙丘路

据当地人介绍，20世纪时，当地渔民喂食了一次宽吻海豚后，这只宽吻海豚便经常出现在猴子米亚海域，等待渔民喂食，而且每次都会带来几个同伴一起乞食，就这样，这群宽吻海豚慢慢成了当地一道奇特的风景线。

猴子米亚是居家亲子游的好地方

在猴子米亚海域经常活跃的宽吻海豚有20~30只，其中有七八只宽吻海豚会经常游到岸边与游客互动，其他宽吻海豚也会偶尔游到岸边，探出头作可爱状，令人为之着迷。这些宽吻海豚尤其受孩子们喜爱，孩子们还能在管理员的指导下，给宽吻海豚投喂食物。因此，猴子米亚成了居家亲子游的好地方。

除此之外，猴子米亚海滩还有各种五彩缤纷的海洋生物，如温顺的儒艮、鳐鱼和海龟等，将整个海域点缀得格外美丽。

白色长沙滩

白色长沙滩是一个绵延 1 千米长的白色月牙形沙滩，它连接着两座无人岛，乳白色的沙滩与蓝绿色的海洋互相映衬，随着潮起潮落，沙滩时隐时现，两座无人岛也随之聚散离合。

在帕劳洛克群岛中的两座无人岛之间有一个绵延 1 千米长的细白沙滩，它被人们称为"白色长沙滩"，犹如一条优美的弧线镶嵌在碧蓝色的海上，仿佛遗落在南半球的一湾新月，那绝美的气势在世界上的其他地方绝无仅有。

白色长沙滩的沙子干净得令人难以置信，沙滩两侧的海水清澈透明，涨潮之时，大海逐渐吞噬白色的沙滩，白色长沙滩逐渐隐身于海底，成为一个淡绿色的宽海域，大海则蓝得彻底、干净、大气。从空中俯瞰，白色长沙滩就像是一条

❖ 白色长沙滩指示牌

这些漂浮在茫茫大海中的巨大枯木或树根，被大海冲刷到海滩上，成为岛上的一大风景。

❖ 白色长沙滩上被台风刮倒的大树

❖ 白色长沙滩

说到白色长沙滩，不得不提一下德国水道，它位于白色长沙滩与大断层之间，此水道由德军于1900年左右兴建，当时是以炸药破坏环礁，开通出一条可以连接安佳尔岛的水道，以便运送磷矿。德国水道全长366米，水深3米，是前往帕劳海洋生态保护区七十群岛的必经之地和著名的潜水胜地。

❖ 德国水道

不经意间泼洒在蓝色画布上的雪白弧线，美得那么虚幻又真实。这里还是潜水者浮潜或者深潜后小憩的地方。

在退潮的时候，白色长沙滩会随着潮水渐退而逐渐裸露出一个半月状的海上走道，将海平面一分为二，它变成了一条白色的陆上走廊，乳白色的沙滩与蓝绿色的海洋互相映衬，这时，游客可以通过白色长沙滩，从其中一座小岛走到另一座小岛，仿佛走向另一个世界一般。

白色长沙滩所在的帕劳是一个很奇特的地方，那里水面总是波澜不惊，但它却是形成台风的地方。国内电视台发布台风预报时常会说："目前，在菲律宾以东洋面形成的某某台风正在向西移动，预计将于某时在某地登陆……"所谓"菲律宾以东洋面"指的就是包括帕劳在内的地区。

❖ 俯瞰帕劳